"十四五"职业教育国家规划教材

职业教育教学改革系列教材

建筑智能化工程技术专业系列教材

江苏省"十四五"首批职业教育规划教材

# 消防报警及联动控制系统的安装与维护

## 第2版

王建玉　编著

机械工业出版社

本书主要从职业教育的特点和高职学生的认知结构出发，运用先进的职教理念，用项目化的方式进行编排。根据消防报警及联动控制系统工程施工的过程，将整个系统的施工分为 17 个项目，每个项目又分为学习目标、项目导入、学习任务、实施条件、操作指导、问题探究、知识拓展与链接、质量评价标准以及项目总结与回顾 9 个模块。通过任务驱动、探索式学习、过程性评价等方式，让读者通过具体项目的实施来掌握消防报警及联动控制系统施工的过程、规范和方法，充分体现了以学生为主体、教师为主导的教学理念，实现了"做中学、学中做"。

本书适合作为职业院校建筑智能化工程技术专业的教材，也可作为建筑电气、建筑设备、消防工程、物业管理等专业学生的学习用书。另外，本书还适合电气类专业和希望从事消防工程施工管理的大学生和研究生阅读，尤其适合从事消防工程施工的管理人员和技术人员阅读。

为方便教学，本书配有电子教案、教学视频、PPT 课件等资源，凡选用本书作为教材的学校、单位，可登录 www.cmpedu.com 免费注册并下载，或来电 010-88379195 索取。

**图书在版编目（CIP）数据**

消防报警及联动控制系统的安装与维护/王建玉编著. —2 版. —北京：机械工业出版社，2019.2（2024.6 重印）
职业教育教学改革系列教材. 建筑智能化工程技术专业系列教材
ISBN 978-7-111-61895-9

Ⅰ. ①消… Ⅱ. ①王… Ⅲ. ①消防报警-自动报警系统-安装-职业教育-教材②消防报警-自动报警系统-维修-职业教育-教材 Ⅳ. ①TU998.13

中国版本图书馆 CIP 数据核字（2019）第 018496 号

机械工业出版社（北京市百万庄大街 22 号　邮政编码 100037）
策划编辑：赵红梅　　　　　　责任编辑：赵红梅
责任校对：张　薇　刘志文　封面设计：严娅萍
责任印制：李　昂
河北宝昌佳彩印刷有限公司印刷
2024 年 6 月第 2 版第 16 次印刷
184mm×260mm·12.25 印张·301 千字
标准书号：ISBN 978-7-111-61895-9
定价：39.90 元

电话服务　　　　　　　　　网络服务
客服电话：010-88361066　　机　工　官　网：www.cmpbook.com
　　　　　010-88379833　　机　工　官　博：weibo.com/cmp1952
　　　　　010-68326294　　金　书　网：www.golden-book.com
**封底无防伪标均为盗版**　　机工教育服务网：www.cmpedu.com

# 关于"十四五"职业教育
# 国家规划教材的出版说明

为贯彻落实《中共中央关于认真学习宣传贯彻党的二十大精神的决定》《习近平新时代中国特色社会主义思想进课程教材指南》《职业院校教材管理办法》等文件精神，机械工业出版社与教材编写团队一道，认真执行思政内容进教材、进课堂、进头脑要求，尊重教育规律，遵循学科特点，对教材内容进行了更新，着力落实以下要求：

1. 提升教材铸魂育人功能，培育、践行社会主义核心价值观，教育引导学生树立共产主义远大理想和中国特色社会主义共同理想，坚定"四个自信"，厚植爱国主义情怀，把爱国情、强国志、报国行自觉融入建设社会主义现代化强国、实现中华民族伟大复兴的奋斗之中。同时，弘扬中华优秀传统文化，深入开展宪法法治教育。

2. 注重科学思维方法训练和科学伦理教育，培养学生探索未知、追求真理、勇攀科学高峰的责任感和使命感；强化学生工程伦理教育，培养学生精益求精的大国工匠精神，激发学生科技报国的家国情怀和使命担当。加快构建中国特色哲学社会科学学科体系、学术体系、话语体系。帮助学生了解相关专业和行业领域的国家战略、法律法规和相关政策，引导学生深入社会实践、关注现实问题，培育学生经世济民、诚信服务、德法兼修的职业素养。

3. 教育引导学生深刻理解并自觉实践各行业的职业精神、职业规范，增强职业责任感，培养遵纪守法、爱岗敬业、无私奉献、诚实守信、公道办事、开拓创新的职业品格和行为习惯。

在此基础上，及时更新教材知识内容，体现产业发展的新技术、新工艺、新规范、新标准。加强教材数字化建设，丰富配套资源，形成可听、可视、可练、可互动的融媒体教材。

教材建设需要各方的共同努力，也欢迎相关教材使用院校的师生及时反馈意见和建议，我们将认真组织力量进行研究，在后续重印及再版时吸纳改进，不断推动高质量教材出版。

机械工业出版社

# 第2版前言

随着城市建设的迅速发展，大型建筑、地下建筑、高层和超高层建筑不断涌现，火灾隐患逐渐增多，恶性火灾事故时有发生。有效地监测火灾、控制火灾、快速扑灭火灾，是消防报警及联动控制系统的主要任务。消防报警及联动控制系统的安装施工质量以及维护管理水平是保证系统发挥作用的先决条件。

作为多年校企深度合作的重要成果，本书按照消防报警及联动系统工程施工企业实际的安装、运行与维护流程，并根据职业教育的特点和高职学生的认知结构，运用先进的职教理念，对课程内容进行了重组。根据消防报警及联动控制系统工程施工的过程，将整个系统的施工分为17个项目，每个项目又分为学习目标、项目导入、学习任务、实施条件、操作指导、问题探究、知识拓展与链接、质量评价标准以及项目总结与回顾9个模块。本书在具体的项目实施过程中，落实党的二十大报告提出的"在全社会弘扬劳动精神、奋斗精神、奉献精神、创造精神、勤俭节约精神，培育时代新风新貌"的内容。通过任务驱动、探索式学习、过程性评价等方式，让读者通过具体项目的实施来掌握消防报警及联动控制系统施工的过程、规范和方法，充分体现了以学生为主体、教师为主导的教学理念，实现了"做中学、学中做"。

本书通过"知识拓展与链接""质量评价标准"等环节拓展学生知识视野，培养学生团队协作精神、安全生产意识，将课程思政潜移默化地融入其中。

本书适合作为职业院校建筑智能化工程技术专业教材，也适合建筑电气、建筑设备、消防工程、物业管理等专业的学生学习。另外，本书还适合电气类专业和希望从事消防工程施工管理的大学生和研究生阅读，尤其适合从事消防工程施工的管理人员和技术人员阅读。

本书配套立体化资源，为"互联网+"新形态教材。

本书根据 GB 50303—2015《建筑电气工程施工质量验收规范》、GB 50116—2013《火灾自动报警系统设计规范》、GB 50016—2014《建筑设计防火规范》等标准，以及消防报警及联动系统产品和施工技术的最新发展，对相关内容进行了全面的修改和完善。

本次修订过程中，综合了常州消防工程有限公司、江苏宜安建设有限公司、江苏武进建工集团有限公司等多家单位提供的消防报警及联动控制系统的施工方案及运行维护管理方案，并听取了江苏城乡建设职业学院、南京高等职业技术学校等二十多所学校专业老师对教材提出的意见和建议。他们在教学过程中对本书的研究与分析，对于提高教材适用性发挥着非常重要的作用，在此一并表示感谢。

因编者水平有限，编写过程中难免有疏漏，敬请广大读者批评指正。

**编著者**

# 第1版前言

随着城市建设的迅速发展，大型建筑、地下建筑、高层和超高层建筑不断涌现，火灾隐患逐渐增多，恶性火灾事故时有发生。有效地监测火灾、控制火灾、快速扑灭火灾，是消防报警及联动控制系统的主要任务。消防报警及联动控制系统的安装施工质量以及维护管理水平是保证系统发挥作用的先决条件。

本书主要从职业教育的特点和高职学生的认知结构出发，运用先进的职教理念，用项目化的方式进行编排。根据消防报警及联动控制系统工程施工的过程，将整个系统的施工分为17个项目，每个项目又分为学习目标、项目导入、学习任务、实施条件、操作指导、问题探究、知识拓展与链接、质量评价标准以及项目总结与回顾9个模块。通过任务驱动、探索式学习、过程性评价等方式，让读者通过具体项目的实施来掌握消防报警及联动控制系统施工的过程、规范和方法，充分体现了以学生为主体、教师为主导的教学理念，实现了"做中学、学中做"。

本书适合作为职业院校楼宇智能化工程技术专业教材，也适合建筑电气、建筑设备、消防工程、物业管理等专业学生学习。另外，本书还适合电气类专业和希望从事消防工程施工管理的大学生和研究生阅读，尤其适合从事消防工程施工的管理人员和技术人员阅读。

消防联动控制技术的更新速度较快，加之编写时间仓促，作者水平有限，书中难免有误，敬请广大读者批评指正。

本书在编写过程中，曾得到江苏省城乡建设职业学院黄志良、朱仁良和戴敏秀等领导和同事的帮助与支持，在此一并表示感谢。

编著者

# 目　　录

第 2 版前言

第 1 版前言

项目一　消防报警及联动控制系统描述 ……………………………………………………… 1

项目二　消防报警及联动控制系统的施工图识读 …………………………………………… 15

项目三　消防报警及联动控制系统暗配线的施工 …………………………………………… 48

项目四　消防报警及联动控制系统明配线的施工 …………………………………………… 65

项目五　消防报警及联动控制系统桥架配线的施工 ………………………………………… 73

项目六　火灾探测器与手动报警按钮的安装 ………………………………………………… 81

项目七　简单消防报警系统的安装 …………………………………………………………… 94

项目八　火灾应急广播系统的安装 …………………………………………………………… 110

项目九　消防专用电话系统的安装 …………………………………………………………… 116

项目十　应急照明与疏散指示标志的安装 …………………………………………………… 121

项目十一　防排烟设备联动控制系统的安装 ………………………………………………… 128

项目十二　防火隔离设施联动控制系统的安装 ……………………………………………… 134

项目十三　消火栓灭火联动控制系统的安装 ………………………………………………… 141

项目十四　自动喷水灭火联动控制系统的安装 ……………………………………………… 147

项目十五　消防报警及联动控制系统集成 …………………………………………………… 156

项目十六　消防报警及联动控制系统的调试与验收 ………………………………………… 169

项目十七　消防报警及联动控制系统的运行与维护 ………………………………………… 180

参考文献 ………………………………………………………………………………………… 190

# 项目一　消防报警及联动控制系统描述

## 一、学习目标

1. 了解消防报警及联动控制系统的基本功能。
2. 了解消防报警及联动控制系统的结构组成。
3. 掌握消防报警及联动控制系统的控制原理。

认识消防报警及
联动控制系统

## 二、项目导入

高层建筑的出现使得建筑物起火的原因增多，火势蔓延途径也增多，消防人员救火难度加大，人员疏散也更为困难。如果没有先进的自动监测、自动灭火的消防报警及联动控制系统，很难实现火灾的预防与扑救。以传感器技术、计算机技术和电子通信技术等为基础的消防报警及联动控制系统，既能对火灾进行早期的探测和自动报警，又能根据火情的位置，及时输出联动灭火信号，启动相应的消防设施，进行灭火。消防报警及联动控制系统安装、开通并调试过后，便可以全天候运行，时刻警惕火情的发生。

消防报警及联动控制系统的主要功能是对火灾的发生进行早期的探测和自动报警，并能根据火情的位置，及时对建筑内的消防设备、配电、照明、广播以及电梯等装置进行联动控制、灭火、排烟、疏散人员，确保人员安全，最大限度地减少社会财富的损失。消防报警及联动控制系统的技术基础是微电子技术、检测技术、自动控制技术和计算机技术。近年来这些先进技术在消防领域深入、广泛的应用，大大推动了火灾探测与自动报警技术、消防设备联动控制技术、消防通信技术的发展，增加了系统自检、报警复核、探测器灵敏度自动调节及探测器维修预报等功能，使故障能及时确认及修复，减少误报。

按现行消防规范，消防报警及联动控制系统是一个独立系统，具有独立的消防报警和联动控制器、探测器和模块等，能够单独运行，具有单独的布线系统。该系统可通过专用接口接入智能楼宇管理系统。消防报警及联动控制系统的结构框图如图1-1所示。

消防报警及联动控制系统由火灾探测器、区域火灾报警显示/控制器、集中报警控制器、消防联动控制器、疏散广播、紧急电话、火灾显示盘、警铃及各种联动设备组成。该系统可全天候运行，对火灾发生进行早期探测和自动报警，显示火灾发生区域，实时记录火灾地点、时间及相关火警信息，并能根据火情位置，及时输出联动消防装置灭火信号，启动应急照明灯和紧急广播，引导疏散。

火灾发生初期，火灾探测器将现场探测到的温度或烟雾浓度等信号发给区域火灾报警控制器，区域火灾报警控制器对信号进行判断、处理，确定火情后，发出报警信号，显示报警信息，并将报警信息传送到消防控制中心，消防控制中心记录火灾信息，显示报警部位，协调联动控制，即按一系列预定的指令控制消防联动装置动作。如保持火层及上下关联层的疏散警铃开启，打开消防广播，通知人员尽快疏散；保持火层及上下关联层电梯前室、楼梯前室的正压送风及排烟系统开启，排除烟雾；关闭相应的空调机组及新风机组，防止火灾蔓延;开启紧急诱导照明灯;迫降电梯回到首层,普通电梯停止运行,消防电梯投入紧急运行;当着火场所温度上升到一定值时,自动喷淋系统动作。

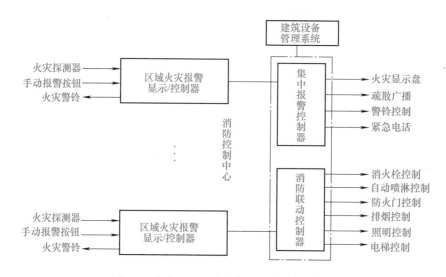

图 1-1　消防报警及联动控制系统的结构框图

## 三、学习任务

### (一)项目任务

本项目的任务是让学生参观一个典型消防报警及联动控制系统的工程,在认真了解系统的功能、结构、原理和组成的基础上,将有关情况图文并茂地描述出来。

### (二)任务流程图

本项目的任务流程如图 1-2 所示。

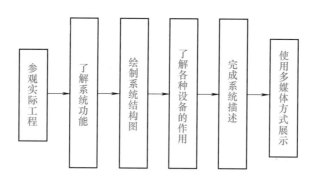

图 1-2　任务流程图

## 四、实施条件

要完成该项目,首先必须联系一个已经投入运行的典型消防报警及联动控制系统,用于学生的参观学习,系统功能越全越好。

## 五、操作指导

### （一）参观实习的要求

1）参观前教师应将本次参观的目的、要求，以及参观过程中的文明、礼仪、安全等注意事项向学生做全面仔细的讲解。

2）学生应排队上车，安静有序地离开和回到学校，以免影响其他班级的正常教学。

3）学生应按照参观单位的要求，到指定地点参观或等候，不得到处乱跑或大声喧哗。

4）未经参观单位许可，不得擅自开动机器或使用仪器。

5）参观实习期间要认真听取技术人员的讲解，并做好观察记录。

6）尊重带队老师和参观实习单位指导老师，提问与讨论有关问题时要使用礼貌用语。

7）参观实习的学生要讲文明、讲礼貌、讲卫生、讲普通话，衣着朴素大方，不穿奇装异服、不披发、不烫发、不染发、不化浓妆。

8）严禁在参观实习期间打电话、发短信、听音乐、看手机等与实习无关的其他事情。

9）不准在参观单位打闹、说脏话、骂人，不准喊他人绰号，不准携带小说、书报、杂志进入参观单位，不准在参观单位吃零食。

10）学生要爱护公物，不得进入草地。

### （二）完成系统描述的方法

1）在参观实习之前，应将班级学生划分为几个学习小组，一方面便于在参观过程中需要分批时对人员进行划分，另一方面也便于参观后组内学生讨论，以便能形成一个相对完整的系统描述方案。

2）小组内人员在参观过程中对参观学习的内容应有所侧重，分别重点关注系统功能、系统结构、系统设备和工作原理等，以便在交流过程中取长补短。

3）小组的交流讨论对于形成一个相对完整的系统描述是非常关键的，每个同学都应该认真准备，并积极听取不同意见。

4）每个同学都应该根据自己的观察及讨论结果，对系统进行描述，并形成一篇实习报告。

5）以小组为单位制作 PPT，并进行汇报。

## 六、问题探究

### （一）火灾报警控制器的类型及作用

火灾报警控制器按用途分为区域报警控制器、集中报警控制器和通用报警控制器。

区域报警控制器是以微处理器（CPU）为核心的控制器件，其主程序是对探测器总线上的各探测器进行循环扫描，采集信息，并对采集的信息进行分析处理。当发现火灾或故障信息，立即转入相应的处理程序，在处理火警信息时，经过多次数据采集确认无误后，方可发出声光或显示报警信号，打印报警位置及报警时间，同时将这些数据存入内存备查，并且要向集中报警控制器传输火警信息。一般区域报警控制器直接连接火灾探测器，对火灾探测器进行监测、巡检和供电。

集中报警控制器的组成和工作原理与区域火灾报警控制器基本相同，除了具有声光报警、自检及巡检、计时和提供电源等主要功能外，还具有扩展外控功能，如联动火警广播、火警电话、火灾事故照明等。集中报警控制器一般不与火灾探测器相连，而是与区域火灾报警控制器相连，用于接收区域报警控制器火灾信号，显示火灾部位，记录火灾信息，协调联动控制和构成终端显示等，常在较大的系统中使用。

通用火灾报警控制器兼有区域、集中两级火灾报警控制器的双重特点。通过设置或修改某些参数，既可以作为区域控制器连接探测器，又可作为集中控制器连接区域报警控制器。

**（二）火灾探测器的工作原理**

火灾探测器是消防报警及联动控制系统中的检测元件，根据探测的火灾参数可以分为感烟式、感温式、感光式火灾探测器和可燃气体探测器，以及烟温、温光、烟温光等复合式火灾探测器。本节将对消防报警及联动控制系统中常用火灾探测器的工作原理作简单介绍。

（1）感烟式火灾探测器

感烟式火灾探测器分为离子类和光电类两种。

离子式感烟火灾探测器核心是由放射性元素镅（$Am^{241}$）、电池、标准室、检测室组成，如图 1-3 所示。

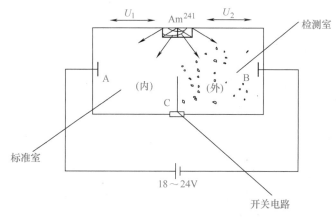

图 1-3　离子式感烟火灾探测器

当烟雾进入检测电离室时，因为镅放射出 α 射线，使得标准室和检测室空气均电离。平时这两室的电阻相等（$R_{AC} = R_{CB}$）。当检测室进烟后，吸收了电子，使电阻增大，电流、电压发生了变化，两室电压失去平衡（即 $U_{CB} > U_{AC}$），电子电路导通发出信号启动报警系统。没有报警情况时，电路中有一个小的工作电流。离子式感烟火灾探测器的特点是灵敏度高，不受外界环境光和热的影响，使用寿命长，构造简单，价格低廉。遮光型光电感烟式火灾探测器的组成如图 1-4 所示。

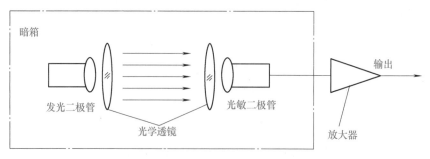

图 1-4　遮光型光电感烟式火灾探测器的组成

发光二极管发出的光，通过透镜聚成光束照射到光敏元件上转换为电信号，电路保持正常状态。当有一定浓度的烟雾挡住光线时，光敏元件立刻把光强变弱的信号传给放大器，电路得电动作发出报警信号。信号光源为内置式，因结构不同可分为遮光型和散射型。

光电感烟式火灾探测器的特点是灵敏度高，适用于火灾危险性较大的场合，如有易燃物的车间、电缆间、计算机机房等。

（2）感温式火灾探测器

感温式火灾探测器按其工作原理的不同分为定温式、差温式和差定温式三种类型。

常用的定温式火灾探测器是采用具有不同热膨胀系数的双金属片作为敏感元件的双金属点型火灾探测器，其结构示意图如图1-5所示。

假设其外筒采用高膨胀系数的不锈钢，内部金属片采用低膨胀系数的铜合金片，当温度升高时，由于外筒的膨胀系数大于内部金属片，铜合金片被拉直，两触点闭合发出报警信号。定温式火灾探测器一般适用于温度缓慢上升的场合，它的缺点是受气温变化的影响较大。定温式火灾探测器通常根据动作时的响应温度来设置Ⅰ、Ⅱ、Ⅲ级灵敏度。常用的Ⅰ、Ⅱ、Ⅲ级灵敏度的响应温度为62℃、70℃、78℃。差温式探测器在环境温度上升速率超过某个规定值时被启动。常用的膜盒式差温火灾探测器的结构如图1-6所示。

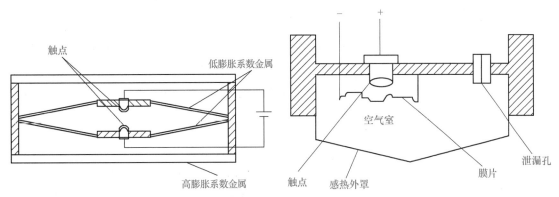

图1-5 双金属点型火灾探测器结构示意图　　图1-6 膜盒式差温火灾探测器结构示意图

如图1-6所示，膜盒式差温火灾探测器由感热外罩、膜片、泄漏孔及触点等构成。其感热外罩与底座形成密闭气室，有一小孔与大气连通，当环境温度缓慢变化时，气室内外的空气可由小孔进出，使内外压力保持平衡，膜片保持不变，触点不会闭合。当有火灾时，室内空气随着环境温度的急剧上升而迅速膨胀，来不及从泄漏孔外泄，致使室内气压增高，波纹状的膜片受压与触点接触闭合，发出报警信号。差温式火灾探测器较之定温式火灾探测器，具有灵敏度高、可靠性高及受环境变化影响小等优点。

差定温式火灾探测器结合定温和差温两种作用原理，将两种火灾探测器结构组合在一起，综合两种火灾探测器的优点，若其中的某一功能失效，另一功能仍能起作用，可以大大提高工作的可靠性。

（3）感光式火灾探测器

感光式火灾探测器用于响应发生火灾时火焰的光特性，目前广泛使用的感光式火灾探测器有紫外式和红外式两种类型。

红外感光探测器利用火焰的红外辐射和闪烁效应进行火情探测。探测器采用能在常温下工作，具有较高探测效率的红外光敏元件作为检验火焰红外辐射的敏感元件。探测器对任何一种含碳物质（如木材、塑料、酒精、天然气、石油等）燃烧时产生的火焰都能做出反应；对恒定的红外辐射和一般光源（如灯泡、太阳光和各种热辐射 X、$\gamma$ 射线）都不起反应。通常此类探测器电路抗干扰性能较好，工作稳定可靠，响应速度快，通用性较强。

紫外感光探测器能监测微小火焰的发生并及时报警，其特点是灵敏度高，对火焰反应快，抗干扰能力强。探测器通常由紫外检测管、电子辨别、检测电路、报警驱动输出线等组成。探测器原理是当紫外线检测管接收到火焰中的紫外光线时，会产生电离，输出一系列脉冲，脉冲的频率与紫外线的强度成正比。输出的脉冲信号经电子检测电路判明后，驱动报警输出电路。

（4）可燃气体探测器

可燃气体探测器根据使用探测元件的不同，分为气敏型、热催化型及电化学型等。

气敏型可燃气体探测器利用半导体气敏元件在 250~300℃ 温度下，其电阻随着可燃气体浓度升高而减少的特性，用半导体气敏材料和电热丝作为探测器的核心。电热丝使气敏材料处于 250~300℃ 环境温度下，当可燃气体进入探测器罩内，气敏材料电阻减少到某一设定值时，触发报警电路报警。

催化型可燃气体探测器采用铂丝作为催化剂，当环境中有可燃气体时，由于铂丝的催化作用，可燃气体在铂丝表面无焰燃烧，致使铂丝温度增高，铂丝电阻也随之变化，从而达到检测气体浓度的目的。

可燃气体探测器一般用于可燃气体可能泄漏的危险场所，如厨房、燃气储藏室、油库等地。

（5）复合式火灾探测器

不同的物质燃烧所产生的温度和烟雾粒子密度不同，单一功能的离子类烟感、光电烟感和温感火灾探测器很难有效、全面地探测各类火情，人们必须根据不同场合选择不同类型的火灾探测器。为了更有效地探测火情，复合式火灾探测器应运而生。复合式火灾探测器将两种或两种以上探测功能集于同一探测器，同时具有两个以上火灾参数的探测能力，扩大了探测器环境的适应范围，保证报警的快捷与可靠。目前使用较多的复合式火灾探测器有光电、感温复合火灾探测器和光电、感温、离子式复合火灾探测器。

（6）新型火灾探测器

激光图像感烟火灾探测器：激光图像感烟火灾探测技术是一种灵敏度高、对灰尘等非火灾因素无误报的火灾探测技术，可以灵敏、快速、可靠地对从洁净空间到普通场所的早期火灾进行自动探测报警。它以点型探测器为基本形式，在准确识别灰尘、水蒸气等非火灾因素干扰的同时，对不同燃烧物或相同燃烧物的明火和烟雾具有极高的火灾感烟探测灵敏度，达到稳定可靠的超早期火灾探测报警。

一氧化碳火灾探测器：一氧化碳火灾探测器可以在物质还没有完全燃烧时便发出报警，如被褥燃烧和配电盘冒烟等，在尚未出现火苗之前就产生了一氧化碳，利用一氧化碳和水发生反应时产生的电子为传感信号，并利用大规模集成电路技术将信号放大，使这种新型火灾探测器具有感知面广、灵敏度高、耗电量低等特点。与传统的火灾探测器相比，报警时间更早，也不会因为有人抽烟或澡堂内的水蒸气而误报。

智能型火灾探测器：该火灾探测器内装有单片机，探测器上电后单片机同时对传感器采集到的环境参数（烟雾、水汽、粉尘）信号进行分析、判断，并向火灾报警控制器传送正常、火警、污染、故障等状态信号，还可实现电子编码。

空气采样式感烟火灾探测报警器：该火灾探测报警器完全突破了被动式感知火灾烟气、温度和火焰等参数的探测方式，它可以主动进行空气采样，快速、动态地识别并判断可燃物质受热分解或燃烧释放到空气中的各种聚合物分子和烟粒子。它通过管道抽取被保护空间的样本到中心检测室，通过测试空气样本了解烟雾的浓度，在火灾预燃阶段报警。空气采样式感烟火灾探测报警器采用独特的激光技术，是新技术引发的消防技术革命。它可以赢得宝贵的处理时间，最大限度地减少损失。

**（三）消防自动报警系统报警装置的种类及其作用**

消防自动报警系统的报警装置主要有火灾显示盘、疏散广播系统和火灾警铃、火灾紧急通话系统等。

（1）火灾显示盘

火灾显示盘可以显示某一防火分区的火警、故障信息，亦可以显示多个区域的火警、故障信息。故在小规模火灾报警系统中，可将火灾显示盘作为区域报警控制器使用。该显示盘在显示火警、故障时，既可以显示探测器的地址信息，也可以显示该探测器相对应的房间编号信息，具有很大的灵活性。

（2）疏散广播系统和火灾警铃

火灾发生后，为了便于组织人员安全疏散和通告有关灭火事项，消防自动报警控制系统中通常设置火灾紧急广播及警铃。紧急广播系统可以单独设置或与建筑物内的背景音乐广播系统合并设置，平时按照正常程序广播节目、音乐等，当火灾发生时，消防控制室将正常广播系统强制切换至紧急广播系统，并能在消防控制室用送话器播音。合用的线路应按照火灾紧急广播系统分层分区控制。火灾事故广播扬声器的设置应满足在走道、大厅、餐厅等公共场所的任何部位到最近一个扬声器的距离不超过25m，走道内最后一个扬声器至走道末端的距离不应大于12.5m，其功率不应小于3W，客房内扬声器功率不应小于1W。警铃设置的目的是当火灾发生时，相邻防火区及相邻层的警铃将同时鸣响，通知人员疏散。警铃一般设置在建筑物的走道、楼梯及公共场所处，其报警控制方式与火灾紧急广播相同，采取分区报警。一般保持着火层及上、下两个关联层的紧急广播和警铃开启。

（3）火灾紧急通话系统

火灾紧急通话系统是与普通电话分开的独立系统，该系统的设置是为了保证火灾发生时，消防控制室能直接与火灾报警器设置点、消防设备机房及其他重要场所通话，以便及时通报有关火灾情况并组织灭火。火灾紧急通话点一般设置在消火栓及区域显示屏的地方，在建筑物的主要场所及机房等处还应设置紧急通话插孔。消防控制中心应设置与值班室、消防水泵房、总配电室、空调机房、电梯机房直通的对讲电话，同时设有向当地公安消防部门直接报警的专用中继线。

**（四）消防报警系统的线制及连接方式**

消防报警系统按线制（探测器和控制器之间的传输线的数量）分为总线制和多线制两种类型。

消防报警系统总线制是指采用两条或四条导线构成的总线回路，所有的探测器以及其他设备如手动报警按钮、消火栓按钮、声光报警器、模块等都并接在总线上，每个设备都有独立的地址码。总线制系统结构的核心是采用数字脉冲信号巡检和数据压缩传输，通过收发码电路和微处理器实现火灾探测器与火灾报警控制器的协议通信和整个系统的监测控制。控制器一般采用串行通信的方式按不同地址询问每个设备，

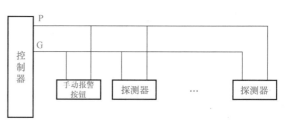

图1-7 消防报警系统二总线连接方式

如图1-7所示。总线制用线量少，设计施工方便，得到了广泛运用。二总线是指两根信号总线，四总线是在两根信号线的基础上又加了两根电源线。

消防报警系统多线制系统是基于工业生产过程点对点控制方式开发的传统型系统，其结构特点是火灾报警控制器采用直流信号巡检各个火灾探测器，火灾探测器和火灾报警控制器之间采用硬线对应连接关系。

相对总线制，多线制用线多，成本高，线路穿管麻烦，故障不好排查。但多线制并没有彻底退出舞台，消防中关键设备如水泵、风机等还是需要多线制，如图1-8所示。由于多线制是相互独立的，所以不受其他设备、线路故障影响，稳定性要高于总线制。多线制虽然用线多，但电路简单，稳定性较高，不会因为某点故障而引起部分瘫痪甚至系统崩溃。

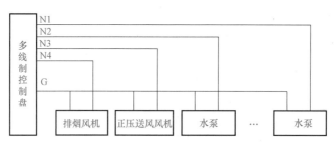

图1-8 消防报警系统多线制连接方式

### （五）消防联动控制系统的控制内容与控制原理

消防联动设备是消防自动报警系统的执行部件，消防控制中心接收火警信息后应能自动或手动启动相应消防联动设备。典型的消防报警及联动系统中对消防设施的控制包括消防栓灭火控制、自动喷水灭火控制、气体自动灭火控制、防火门与防火卷帘门控制、排烟控制与正压送风控制、照明系统联动控制和电梯控制等。

（1）消火栓灭火控制

消火栓灭火是建筑物中最基本且常用的灭火方式。该系统由消防给水设备（包括给水管网、加压泵及阀门等）和电控部分（包括起泵按钮、消防中心起泵装置及消防控制柜等）组成。其中消防加压泵是为了给消防水管加压，以使消火栓中的喷水枪具有相当高的水压。消防中心对室内消火栓系统的监控内容包括：控制消防水泵的起停、显示起泵按钮的位置和消防水泵的状态（工作/故障）。消防泵、喷淋泵联动控制原理框图如图1-9所示。

（2）自动喷水灭火控制

常用的自动喷水灭火系统按喷水管内是否充水，分为湿式和干式两种。干式系统中喷水管网平时不充水，当火灾发生时，控制主机在收到火警信号后，立即开阀向管网系统内充

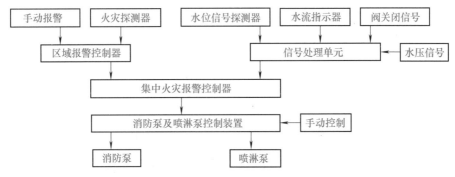

图 1-9  消防泵、喷淋泵联动控制原理框图

水。而湿式系统中管网平时是处于充水状态的，当发生火灾时，着火场所温度迅速上升，当温度上升到一定值时，闭式喷头温控件受热破碎，打开喷水口开始喷淋，此时安装在供水管道上的水流指示器动作（水流继电器的常开触点因水流动产生压力而闭合），消防中心控制室的喷淋报警控制装置接收到信号后，由报警箱发出声光报警，并显示出喷淋报警部位。喷水后由于水压下降，使压力继电器动作，压力开关信号及消防控制主机在收到水流开关信号后发出的指令均可启动喷淋泵。目前这种充水的闭式喷淋水系统在高层建筑中获得广泛应用。

（3）气体自动灭火控制

气体自动灭火系统主要用于发生火灾时不宜用水灭火或有贵重设备的场所，如配电室、计算机机房、可燃气体及易燃液体仓库等。气体自动灭火控制过程如下：探测器探测到火情后，向控制器发出信号，联动控制器收到信号后通过灭火指令控制气体压力容器上的电磁阀，放出灭火气体。

（4）防火门、防火卷帘门控制

防火门平时处于开启状态，发生火灾时可通过自动或手动方式将其关闭。

防火卷帘门通常设置于建筑物中防火分区通道口，可形成门帘式防火隔离。一般在电动防火卷帘两侧设专用的烟感及温感探测器、声光报警器和手动控制器。火灾发生时，疏散通道上的防火卷帘根据感烟探测器的动作或消防控制中心发出的指令，先使卷帘自动下降一部分（按现行消防规范规定，当卷帘下降至距地 1.8m 处时，卷帘限位开关动作使卷帘自动停止），以疏散人员，延时一段时间（或通过现场感温探测器的动作信号或消防控制中心的第二次指令），启动卷帘控制装置，使卷帘下降到底，以达到控制火灾蔓延的目的。卷帘也可由现场手动控制。

用作防火分隔的防火卷帘，火灾探测器动作后，卷帘应下降到底；同时感烟、感温火灾探测器的报警信号及防火卷帘关闭信号应送至消防控制中心，其联动控制原理见图 1-10。

（5）排烟、正压送风系统控制

火灾产生的烟雾对人的危害非常严重，一方面着火时产生的一氧化碳是造成人员死亡的主要原因，另一方面火灾时产生的浓烟会遮挡人的视线，使人辨不清方向，无法紧急疏散。所以火灾发生后，要迅速排出浓烟，防止浓烟进入非火灾区域。

排烟、正压送风系统由排烟阀门、排烟风机、送风阀门以及送风风机等组成。

排烟阀门一般设在排烟口处，平时处于关闭状态。当火警发出后，感烟探测器组成的控制电路在现场控制开启排烟阀门及送风阀门，排烟阀门及送风阀门动作后启动相关的排烟风机和送风风机，同时关闭相关范围内的空调风机及其他送、排风机，以防止火灾蔓延。

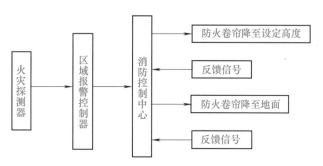

图 1-10  防火卷帘联动控制原理图

在排烟风机吸入口处装设有排烟防火阀，当排烟风机启动时，此阀门同时打开，进行排烟，当排烟温度高达 280℃时，装设在阀口上的温度熔断器动作，阀门自动关闭，同时联锁关闭排烟风机。

对于高层建筑，任意一层着火时，都应保持着火层及相邻层的排烟阀开启。

（6）照明系统的联动控制

当火灾发生后，应切断正常照明系统，打开火灾应急照明。火灾应急照明包括备用照明、疏散照明和安全照明。备用照明应用于正常照明失效时，仍需继续工作或暂时继续工作的场合，一般设置在下列部位：疏散楼梯（包括防烟楼梯间前室）、消防电梯及其前室；消防控制室、自备电源室（包括发电机房、UPS 室和蓄电池室等）、配电室、消防水泵房和消防排烟机房等；观众厅、宴会厅、重要的多功能厅及每层建筑面积超过 1500m² 的展览厅、营业厅等；建筑面积超过 200m² 的演播室，人员密集、建筑面积超过 300m² 的地下室；通信机房、大中型计算机房、BAS 中央控制室等重要技术用房；每层人员密集的公共活动场所等；公共建筑内的疏散走道和居住建筑内长度超过 20m 的内走道。

疏散照明是在火灾情况下，保证人员能从室内安全疏散至室外或某一安全地区而设置的照明，疏散照明一般设置在建筑物的疏散走道和公共出口处。

安全照明应用于火灾时因正常电源突然中断将导致人员伤亡的潜在危险场所（如医院的重要手术室、急救室等）。

（7）电梯管理

消防电梯管理是指消防控制室对电梯，特别是消防电梯的运行管理。对电梯的运行管理通常有两种方式：一种方式是在消防控制中心设置电梯控制显示盘，火灾时，消防人员可根据需要直接控制电梯；另一种方式是通过建筑物消防控制中心或电梯轿厢处的专用开关来控制。火灾时，消防控制中心向电梯发出控制信号，强制电梯降至底层，并切断其电源。但应急消防电梯除外，应急消防电梯只供给消防人员使用。

## 七、知识拓展与链接

### （一）火灾形成的基本条件和现象

（1）火灾形成的基本条件

物质燃烧的物理和化学反应是形成火灾的基本条件。物质燃烧进而形成火灾，是一种复杂的发热、发光的物理和化学过程，也是一种链反应。可燃物质和造成燃烧的火源以及助燃的氧气或氧化剂是物质燃烧形成火灾的必要条件。

（2）火灾现象

物质燃烧形成火灾时，会伴随产生烟、热、光等物理化学现象特征。

1）产生燃烧气体。物质燃烧开始，会先释放燃烧气体，一般包含 CO、$CO_2$、悬浮在周围空气中的未燃物质微粒以及较大分子团灰烬等悬浮物，通常叫做气溶胶，其直径一般为 $0.01\mu m$ 左右。

2）产生烟雾。物质燃烧时，还释放出液体或固体微粒，其直径一般为 $0.03 \sim 10\mu m$，这种人眼可见的燃烧生成物叫做烟雾。

人们把燃烧气体和烟雾统称为"烟雾气溶胶"，微粒直径为 $0.01 \sim 10\mu m$，具有很大的流动性和毒性，成为火灾探测的重要参数。据统计，火灾中约 70% 的人员死亡是由烟雾气溶胶导致的窒息和中毒造成的。

3）发热。物质燃烧时基本特征之一是释放热量，导致环境温度升高。释放热量产生的温升与燃烧的速度和规模以及燃烧阶段有关。一般在火灾形成初期，燃烧缓慢，尚未形成大规模火灾情况下，温升也变换较慢，不宜检测到。

4）火焰。物质燃烧产生炽热发光的气体而形成火焰，这表明达到全燃烧阶段，即发光阶段。火焰的热辐射含有大量的红外线和紫外线，火焰也是火灾探测的重要参数。

### （二）起火过程

普通可燃物质的起火过程是：首先产生燃烧气体和烟雾，在氧气供应充分的条件下才能达到完全燃烧，产生火焰并发出一些可见光与不可见光，同时释放出大量的热，使环境温度升高。普通可燃物质的起火过程如图 1-11 所示。

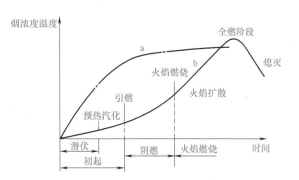

图 1-11 普通可燃物质的起火过程
a—烟雾气溶胶浓度与时间的关系
b—热气流温度与时间的关系

整个起火过程具有以下特征：

1）初起和阴燃的阶段占时较长。这时尽管产生了烟雾气溶胶，并且大量的烟雾气溶胶可能已充满建筑内空间，但环境温度不高，火势尚未达到蔓延发展的程度。若此阶段能将火灾信息——烟浓度探测出来，就可将火灾损失控制在最低限度。

2）经初起和阴燃阶段后，足够的蓄积热量会使环境温度升高，并在物质的着火点开始加速燃烧，发展成火焰燃烧，形成火焰扩散，火势开始蔓延，环境温度不断升高，燃烧面积不断扩大，形成火灾。若此阶段能将火灾引起的明显温度变化探测出来，也能较及时地控制火灾。

3）处于全燃阶段的物质燃烧会产生各种波长的光，使火焰热辐射含有大量的红外线和紫外线，因此，感光探测也是火灾探测的基本方法之一。但对有阴燃阶段的普通可燃物质火灾，由于产生大量烟雾，降低可见度，会影响感光探测的效果；油品、液化气等物质起火时，起火速度快并且迅速达到全燃阶段，形成很少有烟雾遮蔽的明火火灾，感光探测对此及时有效。

当可燃物质是可燃气体或易燃液体蒸气时，起火燃烧过程不同于普通可燃物质，会在可燃气体或蒸汽的爆炸浓度范围内引起轰燃或爆炸。这时，火灾探测应以可燃气体或蒸汽浓度为探测对象。

**（三）火灾类型**

（1）人为火灾

人为火灾包括蓄意纵火，也包括因工作疏忽、违反操作规程和安全规范而造成的火灾，例如电气设备运行期间，未拉掉电源开关而离开工作岗位导致火灾；工作人员乱用电炉因超负荷导致火灾；带电作业而产生电火花、乱扔烟头等造成的火灾。人为火灾是造成火灾最直接、起火率最高的类型。

（2）可燃气体火灾

建筑物内普遍使用天然气、煤气、液化石油气等可燃气体，若有泄漏，遇到明火或电火花可能造成火灾或爆炸事故。

其他可燃气体如甲烷等烷类、硫化氢等都可能造成火灾。

（3）可燃液体造成火灾

可燃液体（如汽油、煤油、柴油等）若保管或使用不当造成泄漏，遇到电火花或明火可能造成火灾。

（4）可燃固体造成火灾

建筑内的易燃装饰材料、木质门窗、办公设备、纤维板、纸张、棉花、棉布、粮食等，遇到明火很容易造成火灾；有的物质（如煤炭、粮食）在一定条件下可能产生自燃现象而造成火灾。

了解上述不同的火灾类型，有利于有针对性地采取各种防火措施和管理措施，尽量避免火灾发生。

**（四）高层建筑的火灾特点**

随着城市经济的发展，城市人口密集，土地昂贵，城镇的高层建筑和超高层建筑越来越多。目前，我国高层建筑正朝着现代化、大型化、多功能化的方向发展，由于高层建筑楼层高，功能复杂，设备繁多，因此高层建筑既有一般高层建筑的共性特点，又有其特殊性。

高层建筑的火灾特点：

（1）火势蔓延途径多、速度快

高层建筑由于功能的需要，内部设有楼梯间、电梯井、管道井、电缆井、排气道、垃圾道等竖向管井。这些井道一般贯穿若干或整个楼层，如果在设计时没有考虑防火分隔措施或对防火分隔措施处理不好，发生火灾时，其就像一座座高耸的烟囱，成为火势迅速蔓延的途径。

助长高层建筑火灾迅速蔓延的还有风力因素。建筑越高，风速越大。风能使通常不具威胁的火源变得非常危险，或使蔓延可能很小的火势急剧扩大成灾。风越大其严重程度也相应增大。

（2）安全疏散困难

高层建筑的特点：一是层数多，垂直疏散距离远，需要较长时间才能疏散到安全场所；二是人员比较集中，疏散时容易出现拥挤情况；三是发生火灾时烟气和火势向竖向蔓延快，给安全疏散带来困难，而平时使用的电梯由于不防烟火和停电等原因停止使用。所以，发生火灾时，高层建筑的安全疏散主要靠疏散楼梯，如果楼梯间不能有效地防止烟火侵入，则烟气就会很快灌满楼梯间，从而严重阻碍人们的安全疏散，威胁人们的生命安全。

（3）扑救难度大

扑救高层建筑火灾主要立足于室内消防给水设施。由于受到消防设施条件的限制，常常给扑救工作带来很多困难。另外，有的高层建筑没有消防电梯，扑救火灾时，消防人员只得"全副武装"冲向高楼层，不仅消耗大量体力，还会与自上而下疏散的人员发生"对撞"，延误灭火时机。如遇到楼梯被烟火封住，消防人员冲不上去，消防扑救工作则更为困难。

（4）功能复杂，起火因素多

一般来说，高层建筑内部功能复杂，设备繁多，装修标准高，因此火灾危险性大，容易发生火灾事故。

## 八、质量评价标准

项目质量考核要求及评分标准见表 1-1。

表 1-1 项目质量考核要求及评分标准

| 考核项目 | 考 核 要 求 | 配分 | 评 分 标 准 | 扣分 | 得分 | 备注 |
|---|---|---|---|---|---|---|
| 参观情况 | 1. 能遵守实习纪律<br>2. 认真参观并作记录<br>3. 文明礼貌积极提问<br>4. 遵守安全规程 | 30 | 1. 违反实习纪律一次扣 5 分<br>2. 不认真听讲和记录扣 5 分<br>3. 不文明礼貌行为，每次扣 3 分<br>4. 违反安全规定，每次扣 3 分 | | | |
| 参观报告 | 1. 能完整描写系统功能<br>2. 正确绘制系统结构图<br>3. 简要说明系统工作原理<br>4. 说明主要设备的用途 | 40 | 1. 功能描写不完整扣 4 分<br>2. 系统结构图绘制错误扣 6 分<br>3. 系统原理错误扣 5 分<br>4. 主要设备用途错误，每处扣 2 分 | | | |
| 小组汇报 | 1. 能清晰明确地讲解参观系统<br>2. 能用多媒体方法展示参观系统<br>3. 能回答针对系统的提问 | 30 | 1. 讲解错误，每次扣 3 分<br>2. 展示内容与系统无关，每处扣 2 分<br>3. 不能正确回答提问，每次扣 2 分 | | | |

## 九、项目总结与回顾

根据观察，阐述消防报警及联动控制系统中哪些功能不合理有待完善，哪些更为先进的技术可以被应用。

习 题

**1. 填空题**

（1）消防报警及联动控制系统由＿＿＿＿、＿＿＿＿、＿＿＿＿、＿＿＿＿、消防广播系统、消防通信系统及消防联动控制设备组成。

（2）感烟式火灾探测器分为＿＿＿＿和＿＿＿＿两种。

（3）感温式火灾探测器按其工作原理的不同分为＿＿＿＿、＿＿＿＿和＿＿＿＿三种类型。

（4）感光式火灾探测器用于响应火灾中火焰的光特性，目前广泛使用的光感探测器有＿＿＿＿和＿＿＿＿两种类型。

（5）可燃气体探测器根据使用探测元件的不同，分为＿＿＿＿、＿＿＿＿及＿＿＿＿等。

（6）火灾报警控制器按用途分为＿＿＿＿、＿＿＿＿和＿＿＿＿。

（7）火灾报警控制器按其线制分为＿＿＿＿和＿＿＿＿两种类型。

（8）火灾事故广播扬声器的设置应满足在走道、大厅、餐厅等公共场所的任何部位到最近一个扬声器的距离不超过_____ m，走道内最后一个扬声器至走道末端的距离不应大于_____ m，其功率不应小于_____ W，客房内扬声器功率不小于_____ W。

（9）物质燃烧产生炽热发光的气体而形成火焰，这表明达到_____阶段。

**2. 判断题**

（1）光电式感烟火灾探测器核心由放射性元素镅（Am$^{241}$）、电池、标准室、检测室组成。
（　　）

（2）差定温式火灾探测器结合定温和差温两种作用原理，将两种探测器结构组合在一起，综合两种探测器的长处。其中的某一功能失效时，另一功能仍能起作用，因此可以大大提高工作可靠性。
（　　）

（3）二总线是指两根信号总线，四总线是在两根信号线的基础上又加了两根电源线。
（　　）

（4）据统计，火灾中约30%的人员死亡是由于烟雾气溶胶导致的窒息和中毒造成的。
（　　）

**3. 单选题**

（1）Ⅰ级灵敏度定温探测器对温度动作的响应值是_____。
　　A. 62℃　　　　　B. 58℃　　　　　C. 70℃　　　　　D. 78℃

（2）一般只用来直接连接火灾探测器，对火灾探测器进行监测、巡检、供电与备电的控制器是_____。
　　A. 集中控制器　　B. 通用控制器　　C. 区域控制器　　D. 分散控制器

（3）消防中关键设备如水泵、风机等需要用_____控制。
　　A. 单线　　　　　B. 两线　　　　　C. 总线　　　　　D. 多线

**4. 多选题**

（1）火灾应急照明包括_____。
　　A. 备用照明　　　B. 疏散照明　　　C. 安全照明　　　D. 区域照明

（2）消防自动化系统的技术基础是_____。
　　A. 微电子技术　　B. 自动控制技术　　C. 检测技术　　　D. 计算机技术

（3）火灾的类型有_____。
　　A. 人为火灾　　　B. 气体火灾　　　C. 固体火灾　　　D. 液体火灾

**5. 问答题**

（1）消防报警及联动控制系统的主要功能是什么？
（2）消防报警及联动控制系统常用的火灾探测器有哪些？
（3）集中控制器与区域控制器的主要差别是什么？
（4）二总线制和多线制的连接方式有什么差别？各自的优缺点是什么？
（5）火灾显示盘、疏散广播、警铃和紧急通话系统的主要作用是什么？
（6）如何对消防栓灭火、自动喷水灭火、气体自动灭火进行控制？
（7）如何对防火门、防火卷帘门、排烟系统、正压送风系统等进行控制？
（8）发生火灾时，如何对电梯进行管理？
（9）火灾的现象有哪些？
（10）高层建筑的火灾特点是什么？

# 项目二 消防报警及联动控制系统的施工图识读

## 一、学习目标

1. 了解消防报警及联动控制系统的设计原则和方法。
2. 了解消防报警及联动控制设备的选择和布置方法。
3. 通过识读图样能了解设计意图，为按图施工打下基础。

## 二、项目导入

在现代化生产中，一切工程建设都离不开图样。在设计阶段，设计人员用工程图来表达设计思想和要求；审批设计阶段时，工程图是研究和审批的对象；在生产施工阶段，工程图是施工的根据，是编制施工计划、工程项目预算、准备生产施工所需材料以及组织生产施工所必须依据的技术资料。因此，图样被喻为工程界的语言，识读工程图是每一个工程技术人员必须具备的基本素质。

一套完整的消防报警及联动控制系统施工图，主要由图样目录、设计说明、系统图、平面图和相关设备的控制电路图等组成。这些图的绘制都是用图形符号、文字标注及必要的说明来实现的。这类图均属于简图。

1）图样目录：包括每张图样的名称、内容和图样编号等。图样目录表明该工程施工图由哪几个专业的图样及哪些图样所组成，以便查找。

2）设计说明：主要说明工程的概况和要求。其内容一般应包括：设计依据（如设计规模、建筑面积以及有关的地质、气象资料等）和施工要求（如施工技术、材料、要求以及采用新技术、新材料或有特殊要求的做法说明）等。

3）系统图：主要反映系统的组成及设备间的相互连接关系。随所选报警控制器的类型、性能不同，系统图也有所差别。

4）平面图：主要反映设备平面布置、线路走向、敷设部位、敷设方式及导线型号、规格和数量等。

本项目将通过识读一套中等规模的消防报警及联动控制系统图，了解设计规范，理解设计意图，为系统的施工做好准备。施工图样如图 2-1～图 2-5 所示。

## 三、学习任务

### （一）项目任务

本项目的任务是通过对一套中等规模消防报警及联动控制系统图的识读，在了解消防报警及联动控制系统设计原则、设计规范，以及消防报警系统的设备选择和布置方法的基础上，理解设计意图，列出系统的设备、计算线缆的长度，并描述设备的布置情况，为系统施工做好准备。将设备与材料情况填入表 2-1。

说明：
1. 外墙宽为440mm；内墙宽为200mm；隔墙宽为120mm。
2. 柱600mm×600mm。
3. 除旋转门外，其余的门宽有1500mm，1200mm，900mm，800mm几种规格。
4. 圆弧窗内侧半径为2000mm，角度为180°；推拉窗宽为1800mm。
5. 一层楼层高为4.2m，二至四层层高为3.6m，每层楼板结构层厚为150mm。
6. 柱间梁高为0.65m。
7. 本工程采用产品的规格型号见图例。

消防系统图

电话线　ZR-RVP-2×1.0 JDG15 WC/FC
联动电源线24V　ZR-BV-2×2.5 SC20 WC/CC
报警总线　ZR-RVS-2×1.0 SC15 WC/CC

接线端子箱

报警联动一体机AL
600×400×200

电话线 ZR-RVP-2×1.0 JDG15 WC/FC
联动电源线24V ZR-BV-2×2.5 SC20 WC/CC
报警总线 ZR-RVS-2×1.0 SC15 WC/CC

四层　三层　二层　一层

图 2-1　系统说明和消防系统图

图例表

| 序号 | 图例 | 名称 | 型号 | 安装方式及高度 |
| --- | --- | --- | --- | --- |
| 1 | [AL] | 火警报警联动一体机 | JB-QB-YA1506/32 | 1.5m |
| 2 | ⊠ | 接线端子箱 | HJ-1701/20 | 1.4m |
| 3 | G | 短路隔离器 | HJ-1751 | 端子箱内 |
| 4 | | 点型光电感烟探测器 | JTY-GD-3001 | 吸顶 |
| 5 | | 点型感温探测器 | JTW-BCD-3003 | 吸顶 |
| 6 | | 手动报警按钮 | J-SAP-M-03 | 1.5m,带电话手孔 |
| 7 | B | 楼层显示器 | JB-SX-96 | 1.5m |
| 8 | SL | 水流指示器 | HJ-1750B | 吸顶 |
| 9 | | 警铃 | YAE-1 | 2.5m |

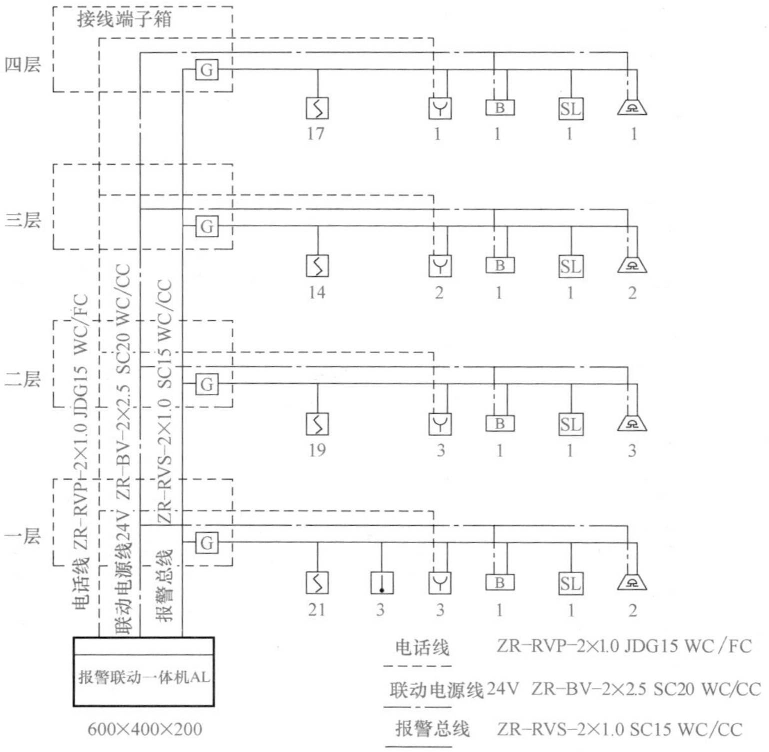

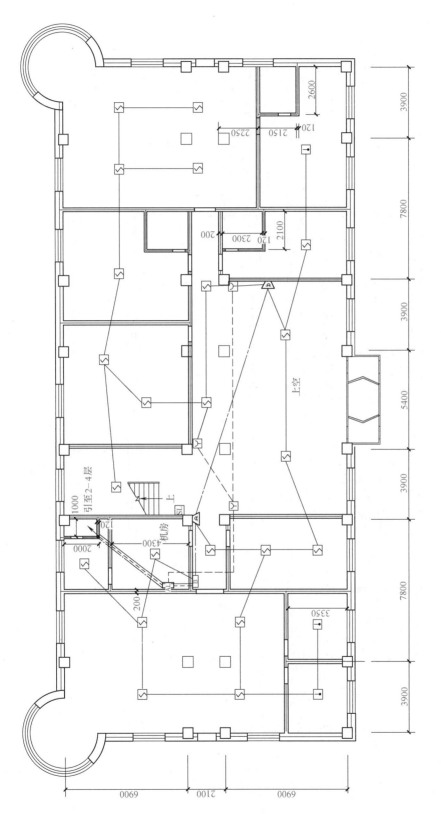

一层消防平面布置图 1:100

图 2-2　一层消防平面布置图

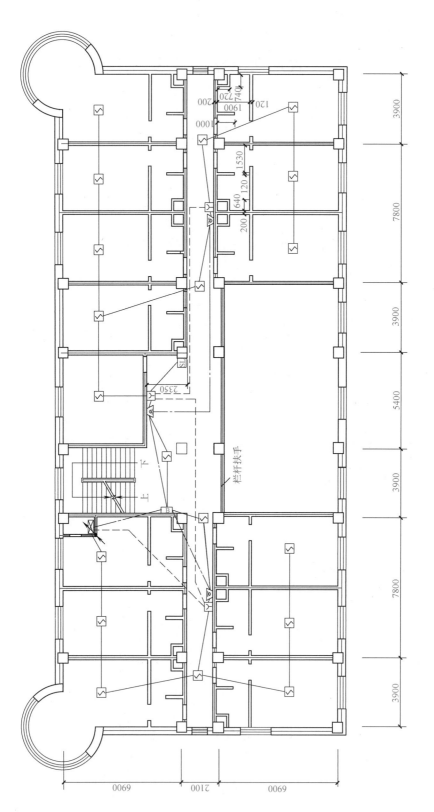

二层消防平面布置图 1:100

图 2-3 二层消防平面布置图

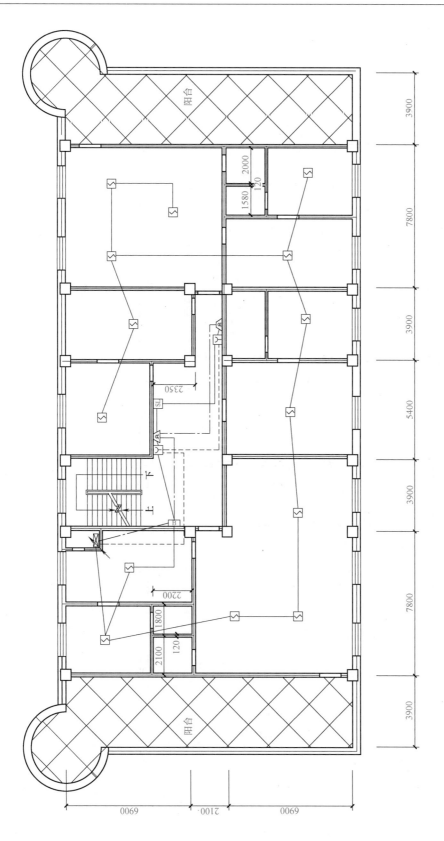

三层消防平面布置图 1:100

图 2-4 三层消防平面布置图

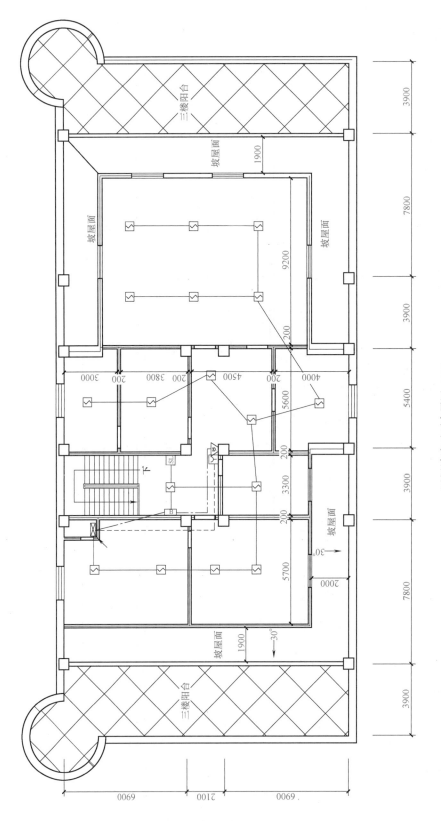

四层消防平面布置图 1:100

图 2-5 四层消防平面布置图

表 2-1 设备与材料情况

| 序号 | 设备或材料名称 | 型号与规格 | 单位 | 数量 | 布置情况与功能说明 |
|------|----------------|------------|------|------|---------------------|
| 1 | | | | | |
| 2 | | | | | |
| 3 | | | | | |
| 4 | | | | | |
| 5 | | | | | |
| 6 | | | | | |
| 7 | | | | | |

**（二）任务流程图**

本项目的任务流程如图 2-6 所示。

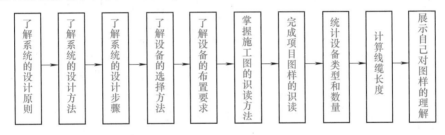

图 2-6 任务流程图

## 四、实施条件

要实施该项目应该准备一套消防报警与联动控制系统的施工图，以及与工程相关的设计规范，以便对照图纸了解设计意图。

## 五、操作指导

**（一）消防联动控制系统常用图形符号**

消防报警及联动系统工程图绘制时一般都采用国家标准规定使用的图形符号。消防报警及联动控制系统常用图形符号见表 2-2。

**（二）消防报警联动控制系统工程图的主要内容及阅读方法**

消防报警及联动控制系统工程图的阅读从安装施工角度来说，并不太困难，也不复杂。阅读的一般方法包括：

1）应按阅读建筑电气工程图的一般顺序进行阅读。首先应阅读系统图，了解整个系统的基本组成，相互关系，做到心中有数。

2）阅读说明。平面图常附有设计或施工说明，以表达图中无法表示或不易表示，但又与施工有关的问题。还要了解设计所采用的非标准图形符号。了解这些内容对进一步读图是十分必要的。

表 2-2    消防报警及联动控制系统常用图形符号

| 序号 | 图形符号 | 名　　称 | 序号 | 图形符号 | 名　　称 |
|---|---|---|---|---|---|
| 1 |  | 火灾报警装置 | 17 | SF | 送风阀 |
| 2 |  | 火灾区域报警装置 | 18 | X | 排烟阀 |
| 3 |  | 感温探测器 | 19 | X | 防火阀 |
| 4 |  | 感烟探测器 | 20 | CRT | 显示盘 |
| 5 |  | 感温感烟复合探测器 | 21 | I | 输入模块 |
| 6 |  | 感光探测器 | 22 | C | 控制模块 |
| 7 |  | 可燃气体探测器 | 23 | SQ | 双切换盒 |
| 8 |  | 并联感温探测器 | 24 | JL | 防火卷帘控制箱 |
| 9 |  | 并联感烟探测器 | 25 | XFB | 消防泵控制箱 |
| 10 |  | 火灾警铃 | 26 | PLB | 喷淋泵控制箱 |
| 11 |  | 火灾应急广播扬声器 | 27 | WYB | 稳压泵控制箱 |
| 12 |  | 报警电话 | 28 | KTJ | 空调机控制箱 |
| 13 |  | 电话插孔 | 29 | ZYF | 正压风机控制箱 |
| 14 |  | 手动报警按钮 | 30 | XFJ | 新风机控制箱 |
| 15 |  | 带电话插孔的手动报警按钮 | 31 | C | 排烟口 |
| 16 |  | 消火栓手动报警按钮 | 32 | P | 防烟口 |

3）了解建筑物的基本情况，如房屋结构、房间分布与功能等。因为管线的敷设、设备安装与房屋的结构直接相关。

4）熟悉火灾探测器、手动报警按钮、消防电话、消防广播、报警控制器及消防联动设备等在建筑物内的分布及安装位置，同时要了解它们的型号、规格、性能、特点和对安装技术的要求。对于设备的性能、特点及安装技术要求，往往要通过阅读相关技术资料及验收规范来了解，如手动报警按钮的距地高度等。

5）了解线路的走线及连接情况。在了解了设备的分布后，就要进一步明确走线，从而弄清它们之间的连接关系，这是最重要的。一般从进线开始，一条一条地阅读。如果这个问题解决不好，就无法进行布线施工。

6）平面图是施工单位用来指导施工的依据，也是施工单位用来编制施工方案和工程预算的依据。而设备的具体安装图却很少给出，这只能通过阅读安装大样图（国家标准）来解决。所以阅读平面图和阅读安装大样图应相互结合起来。

7）平面图只表示设备和线路的平面位置而很少反映空间高度。但是我们在阅读平面图时，必须建立起空间的概念，这对预算技术人员特别重要。这是为了防止在编制工程预算时，造成垂直敷设管线的漏算。

8）相互对照、综合看图。为了避免消防报警、联动系统设备及其线路与其他建筑设备及管路在安装时发生位置冲突，在阅读消防报警及联动控制系统平面图时要对照阅读其他建筑设备安装工程施工图，同时还要了解规范的要求。

### （三）消防报警及联动控制系统图的识读方法

消防报警及联动控制系统图主要反映系统的组成、功能以及组成系统的各设备之间的连接关系等。系统的组成随被保护对象的分级不同，所选用的报警设备不同，基本形式也有所不同。图 2-7 为消防报警及联动控制系统图。

该系统由 JB-QB-DF1501 型火灾报警控制器和 HJ-1811 型联动控制器构成。JB-QB-DF1501 型火灾报警控制器是一种可进行现场编程的二总线制通用报警控制器，既可作区域报警控制器使用，又可作集中报警控制器使用。该控制器最多有 8 对输入总线，每对输入总线可带 127 个探测器和节点型信号。最多有 2 对输出总线，每对输出总线可带 31 台火灾显示屏。通过 RS-232 通信接口（三线）将报警信号送入联动控制器，以实现对建筑内消防设备的自动、手动控制。通过另一组 RS-232 通信接口与计算机连接，实现对建筑的平面图、着火部位等的 CRT 彩色显示。每层设置一台火灾显示盘，可作为区域报警控制器，显示盘可进行自检，内装有 4 个输出中间继电器，每个继电器有 4 对输出触点，可控制消防联动设备。火灾显示盘为集中供电，由 DC 24V 主机电源供电。

联动控制系统中 1 对（最多有 4 对）输出控制总线（即二总线制），可控制 32 台火灾显示屏（或远程控制器）内的继电器来达到对每层消防联动设备的控制。二总线返回信号，可接 256 个返回信号模块；设有 128 个手动开关，用于手动控制火灾显示屏（或远程控制箱）内的继电器。

中央外控设备有喷淋泵、消防泵、电梯、排烟风机、正压送风机和稳压泵等，可以利用联动控制器内 16 对手动控制按钮来控制机器内的中间继电器，用于手动和自动控制上述集中设备（如消防泵、排烟风机等）。

图 2-7 中的消防电话和消防广播装置是系统的配套产品。HJ-1756 消防电话共有 4 种规格：20 门、40 门、60 门和二直线电话。二直线电话一般设置于手动报警按钮旁，只需将手提式电话机的插头插入电话插孔即可与总机（消防中心）通话。多门消防电话中，分机可向总机报警，总机也可呼叫分机通话。

HJ-1757 型消防广播装置由联动控制器实施着火层及其上、下层的紧急广播的联动控制。当有背景音乐（与火灾事故广播兼用）的场所发生火灾时，由联动控制器通过其执行件（控制模块或继电器盒）实现强制切换到火灾事故广播的状态。

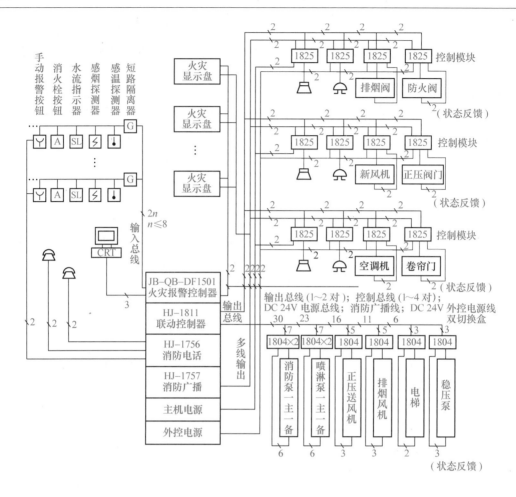

图 2-7　消防报警及联动控制系统图

**（四）消防报警及联动系统平面图的识读方法**

消防报警及联动系统的平面图主要反映报警设备及联动设备的平面布置、线路的敷设等。图 2-8 所示为某大楼使用 JB-QB-DF1501 型火灾报警控制器和 HJ-1811 型联动控制器构成的消防报警及联动控制系统楼层平面布置图。

图 2-8 显示出了火灾显示盘、扬声器、警铃、排烟阀、正压送风口、非消防电源等的平面位置。按图安装配线比较方便，但更重要的是，我们在熟悉系统图和平面图的基础上，还要全面熟悉联动设备的控制。

## 六、问题探究

**（一）消防报警及联动控制系统的设计原则**

1）贯彻国家有关工程设计的政策和法令，符合现行国家标准和规范，遵循行业、部门和地区的工程设计规程及规定。

2）结合我国实际，采用先进技术，掌握设计标准，采取有效措施以保障电气安全，节约能源，保护环境。设备布置应便于施工、管理，设备材料选择应考虑一次性投资与经常性

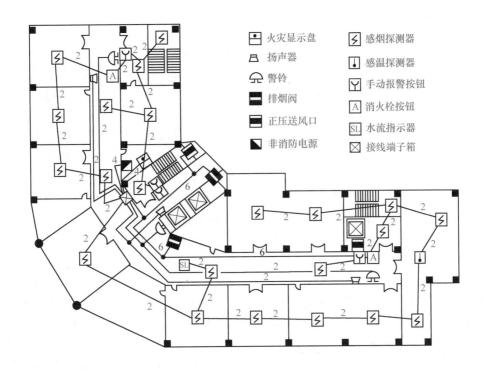

图 2-8  某大楼消防报警及联动控制系统楼层平面图

运行费用等综合经济效益。

3）设计过程中要与建筑、结构、给排水、暖通等工种密切协调配合。

**（二）消防报警及联动控制系统的设计依据**

在进行消防报警及联动控制系统设计时，通常要遵循以下三个规范和一个措施：

1）《火灾自动报警系统设计规范》GB 50116—2013。

2）《建筑设计防火规范》GB 50016—2014。

3）《民用建筑电气设计规范》JGJ/T 16—2008。

4）《全国民用建筑工程设计技术措施——电气》（2009 版）。

对不同的建筑物还应遵循不同的建筑设计规范，如 GB 50073—2013《洁净厂房设计规范》、GB 50222—2017《建筑内部装修设计防火规范》、GB 50098—2009《人民防空工程设计防火规范》、GB 50067—2014《汽车库、修车库、停车库设计防火规范》、GB 50039—2010《农村防火规范》、GY 50067—2003《广播电视建筑设计防火规范》等。在设计时，必须熟练掌握现行国家规范，掌握规范中对要求严格程度的用词说明，如正面词"必须""应""宜"（或"可"）及相对应的反义词"严禁""不应"（或"不得"和"不宜"）等，以便在工程设计中正确执行。在执行规范法规遇到矛盾时，应遵照下列顺序解决：

1）现行标准取代原执行标准。

2）行业标准服从国家标准。

3）当执行现行规范确有困难时，可由省级以上建筑主管部门会同同级公安消防部门组织专家，进行技术论证并形成论证纪要，由参与人员签字后备存，然后按论证纪要执行。

### （三）消防报警及联动控制系统的设计方法和步骤

（1）前期准备

消防报警及联动控制系统工程设计的前期工作包括：

1）了解建筑物的基本情况，包括建筑物的性质、规格的划分，建筑、结构专业的防火措施，结构形式及装饰材料；电梯的配置与管理方式，竖井的位置及大小；各类设备房和库房的布置、性质及用途等。

2）掌握相关设备专业消防设施的设置及控制要求，包括送、排风空调系统的设置，防排烟系统的设置及其对电气控制与联锁的要求；灭火系统（消火栓、自动喷淋及气体灭火系统）的设置，对电气控制与联锁的要求；防火卷帘门及防火门的设置及其对电气控制的要求；供配电系统、照明与电力电源的控制与防火分区的配合；消防电源等。

3）明确设计原则。包括按规范要求确定建筑物的防火分类等级及保护方式，选择自动防火方案，充分掌握各种消防设备及报警器材的技术性能和要求。

（2）方案设计

方案设计阶段主要根据建筑物规模、功能、防火等级和消防管理形式，土建及其他工种的初步设计图纸以及相关规范，确定系统的形式、报警与联动控制的类型与功能、控制中心和现场设备的布置、供电与接地的方式等。在对设备完成初步选型后，可以进行初步概算，通过分析、比较和论证最终确定方案。具体过程如下：

1）根据建筑物的规模、特点与防火分类等确定消防报警与联动控制系统的设计范围、设计内容和供电方案。

2）根据建筑物的防火分区、建筑物用途、室内装修与家具等确定区域报警范围，选用探测器的种类、数量和安装位置，手动报警按钮的数量和安装位置。

3）根据建筑物的防烟分区，确定防排烟系统的控制方案。

4）根据防火分区和疏散通道等设置分区标志、疏散诱导标志、应急照明装置及事故照明等。

5）根据工程特点和相关规范确定火灾报警装置、应急通信设备和火灾事故广播系统。

6）根据防火门、防火卷帘门、防排烟阀、空调通风系统的防火阀、电梯、非消防电源的设置情况，确定联动控制方案。

7）根据喷水灭火系统，室内消火栓系统，泡沫、卤代烷和二氧化碳灭火系统，管网灭火系统的设计情况，确定联动灭火控制方案。

8）根据建筑物的情况及相关规范，确定消防报警与联动控制中心的位置，确定布线方案、供电方案和接地方案。

9）进行设备选型，进行概算，对系统的科学性、经济性进行分析和比较，优化方案。

（3）施工图设计

方案设计完成后，根据消防主管部门的审查意见及甲方的新要求，对方案进行修改和调整。调整完成后就可以进行施工图设计。在设计过程中，要注意与各专业部门的配合。

一般来说，消防报警及联动控制系统施工图应由设计说明、图例说明及主要设备材料表、系统图、平面图以及相应的大样图组成。

1）设计说明

设计说明一般包括工程概况（建筑面积、高度、建筑类型等）、设计依据（包括现行的设计规范、选用的国家标准图集等）、报警系统形式及要求、报警设备选型、联动控制内容及要求、供电电源、线路选型及敷设等。

2）图例说明及主要设备材料表

图例说明及主要设备材料表中，应对本设计所用图形符号对应的设备、器件加以说明。设备材料表应统计主要的设备名称、型号规格（若不明确型号，应有功能及规格要求）、数量及安装要求。

3）系统图

消防报警及联动控制系统的系统图表示整个系统的组成与连接情况，其内容应包括消防中心的设备类型、型号规格，每个防火分区的探测器、报警设备，联动控制的类型、数量以及连接方式，连接导线的型号、规格、线数、敷设方式等。

4）平面图

消防报警及联动控制系统的平面图应依据建筑平面图绘制。平面图中应表达消防中心设备布置，探测器、手动报警按钮、消火栓按钮、水流指示器、报警阀、压力开关、流量开关、消防泵控制柜、防排烟风机控制柜、防火阀、送风口、排风口、防火卷帘（门）控制箱、区域显示器、短路隔离器、声光警报器、消防广播、消防电话（电话插孔）、火灾时需切断的非消防电源箱（柜）、应急照明配电箱等设备在建筑平面图上的布置，线路的布置与敷设等。

**（四）　系统形式的选择和设计要求**

（1）系统形式选择应符合的规定

1）仅需要报警，不需要联动自动消防设备的保护对象宜采用区域报警系统。

2）不仅需要报警，同时需要联动自动消防设备，且只设置一台具有集中控制功能的火灾报警控制器和消防联动控制器的保护对象，应采用集中报警系统，并应设置一个消防控制室。

3）设置两个及以上消防控制室的保护对象，或已设置两个及以上集中报警系统的保护对象，应采用控制中心报警系统。

（2）区域报警系统设计应符合的规定

1）系统应由火灾探测器、手动火灾报警按钮、火灾声光警报器及火灾报警控制器等组成，系统中可包括消防控制室图形显示装置和指示楼层的区域显示器。

2）火灾报警控制器应设置在有人值班的场所。

3）系统设置消防控制室图形显示装置时，该装置应具有 GB 50116—2013 附录 A 和附录 B 规定的有关信息的功能；系统未设置消防控制室图形显示装置时，应设置火警传输设备。

（3）集中报警系统设计应符合的规定

1）系统应由火灾探测器、手动火灾报警按钮、火灾声光警报器、消防应急广播、消防专用电话、消防控制室图形显示装置、火灾报警控制器、消防联动控制器等组成。

2）系统中的火灾报警控制器、消防联动控制器和消防控制室图形显示装置、消防应急广播的控制装置、消防专用电话总机等起集中控制作用的消防设备，应设置在消防控制室内。

3）系统设置的消防控制室图形显示装置应具有 GB 50116—2013 附录 A 和附录 B 规定

的有关信息的功能。

（4）控制中心报警系统设计应符合的规定

1）有两个及以上消防控制室时，应确定一个主消防控制室。

2）主消防控制室应能显示所有火灾报警信号和联动控制状态信号，并应能控制重要的消防设备；各分消防控制室内消防设备之间可互相传输、显示状态信息，但不应互相控制。

3）系统设置的消防控制室图形显示装置应具有 GB 50116—2013 附录 A 和附录 B 规定的有关信息的功能。

4）其他设计应符合集中报警系统设计的规定。

（5）系统设计还应满足的要求

1）火灾自动报警系统应设有自动和手动两种触发装置。

2）任一台火灾报警控制器所连接的火灾探测器、手动火灾报警按钮和模块等设备总数和地址总数，均不应超过 3200 点，其中每一总线回路连接设备的总数不宜超过 200 点，且应留有不少于额定容量 10% 的余量；任一台消防联动控制器地址总数或火灾报警控制器（联动型）所控制的各类模块总数不应超过 1600 点，每一联动总线回路连接设备的总数不宜超过 100 点，且应留有不少于额定容量 10% 的余量。

3）系统总线上应设置总线短路隔离器，每只总线短路隔离器保护的火灾探测器、手动火灾报警按钮和模块等消防设备的总数不应超过 32 点；总线穿越防火分区时，应在穿越处设置总线短路隔离器。

4）高度超过 100m 的建筑中，除消防控制室内设置的控制器外，每台控制器直接控制的火灾探测器、手动报警按钮和模块等设备不应跨越避难层。

5）水泵控制柜、风机控制柜等消防电气控制装置不应采用变频启动方式。

**（五）报警区域和探测区域的划分**

（1）报警区域划分应符合的规定

1）报警区域应根据防火分区或楼层划分，可将一个防火分区或一个楼层划分为一个报警区域；也可将发生火灾时需要同时联动消防设备的相邻几个防火分区或楼层划分为一个报警区域。

2）电缆隧道的一个报警区域宜由一个封闭长度区间组成，一个报警区域不应超过相连的 3 个封闭长度区间；道路隧道的报警区域应根据排烟系统或灭火系统的联动需要确定，且不宜超过 150m。

3）甲、乙、丙类液体储罐区的报警区域应由一个储罐区组成，每个 50000m³ 及以上的外浮顶储罐应单独划分为一个报警区域。

（2）探测区域划分应符合的规定

1）探测区域应按独立房（套）间划分。一个探测区域的面积不宜超过 500m²；从主要入口能看清其内部，且面积不超过 1000m² 的房间，也可划为一个探测区域。

2）红外光束感烟火灾探测器和缆式线型感温火灾探测器的探测区域长度，不宜超过 100m；空气管差温火灾探测器的探测区域长度宜为 20~100m。

（3）应单独划分探测区域的场所

1）敞开或封闭楼梯间、防烟楼梯间。

2）防烟楼梯间前室、消防电梯前室、消防电梯与防烟楼梯间。

3）合用的前室、走道、坡道。

4）电气管道井、通信管道井、电缆隧道。

5）建筑物闷顶、夹层。

**（六）消防报警及联动控制系统的构成**

消防报警及联动控制系统有两种系统构成方式：一种方式为火灾自动报警与消防联动控制采用同一控制器，报警与联动共用控制器总线回路，称为报警、联动一体化系统；另一种方式为火灾自动报警与消防联动控制采用不同的控制器，分别设置总线回路，称为报警、联动分体化系统。

（1）报警、联动一体化系统

报警、联动一体化系统将火灾探测器与各类控制模块接入同一总线回路，由一台控制器进行管理，因此这种系统的造价较低，施工与设计较为方便。但由于报警与联动控制器共用控制器总线回路，裕度较小，系统的整体可靠性比分体系统略低。仅有一个防火分区的一体化消防报警及联动系统，如图 2-9 所示。需做防火分区的一体化消防报警及联动系统如图2-10所示。

（2）报警、联动分体化系统

报警、联动分体化系统中，火灾探测器通过报警回路总线接入火灾报警控制器，由火灾报警控制器管理。各类监视与控制模块则通过联动总线接入专用消防控制器，由联动控制器进行管理。由于分别设置了控制器及总线回路，整个报警及联动系统的可靠性较高。但系统的造价也较高，施工与布线较为困难。分体化消防报警及联动系统如图2-11所示。

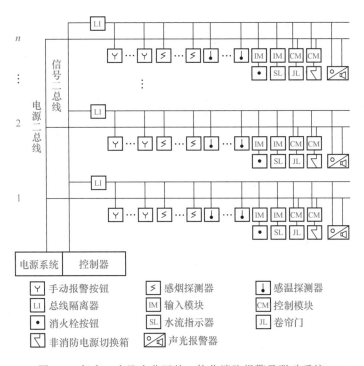

图 2-9　仅有一个防火分区的一体化消防报警及联动系统

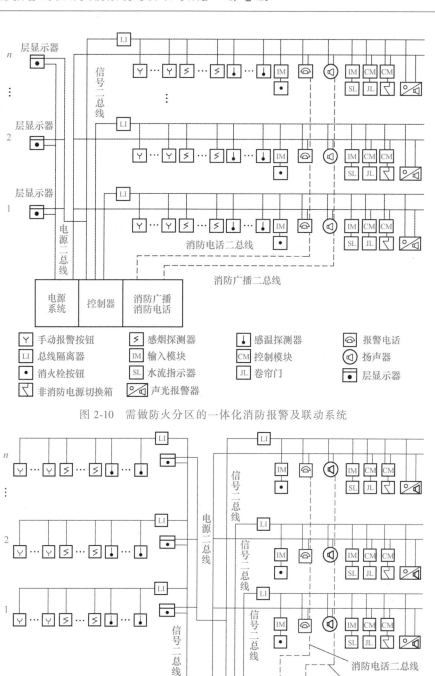

图 2-10　需做防火分区的一体化消防报警及联动系统

图 2-11　分体化消防报警及联动系统

## 七、知识拓展与链接

### （一）各种火灾探测器的特点

各种火灾探测器由于构成原理的差异，其适用的场合和探测的类型也有很大差异。

1）离子感烟探测器能及时探测到火灾初期所产生的烟雾，具有较好的报警功能。采用离子感烟探测器应注意下列事项：

① 探测微小颗粒，如油漆味、烤焦味均能引起敏感反应，大量的气体分子均能引起探测器动作。

② 当风速大于 10m/s 时，探测器工作不稳定，甚至会发生误动作。

2）光电式感烟探测器对光电敏感。它在一定程度上克服了离子探测器的缺点，适用于特定场所使用。但当附近有过强的红外光源时，也会导致探测器工作不稳定。敏感元件的寿命较离子探测器短。

3）感温探测器在火灾早期、中期产生一定温度报警时，火灾已引起了物质上的损失。当火灾形成一定温度时，感温探测器工作比较稳定，不受非火灾性烟尘雾气等干扰。凡不可能采用感烟探测器，并允许产生一定损失的非爆炸性场所，均可使用感温探测器。

4）定温探测器只以固定限度的温度值发出火灾报警信号，允许环境温度有较大变化而且工作比较稳定，但火灾引起的损失较大。

5）差温探测器适用于早期报警。它以环境温度升高率为其动作报警参数，当环境温度达到一定要求时发出报警信号。为了避免因温度升高过慢而引起漏报，在感温探测器的基础上附加一个固定温度阈值，超过阈值即可发出报警信号。差温式探测器具有感温探测器的一切优点且更可靠。

6）复合型探测器是一种全方位火灾探测器，综合了各种探测器的长处，几乎能适用各种场合探测所有种类的火灾，实现早期火情的全范围探测报警，从而提高探测器的可靠性。

7）模拟量探测器地址码的设置不采用硬件拨码开关，使用软件编程。因此可以预先编码或现场编码、改址，大大提高了编址的可靠性。模拟量探测器带有 A-D 转换的微处理芯片，能连续向控制器发送烟温及环境信息，并由控制器进行数字处理、分析判断，对探测器的状态进行监督，对环境因素进行补偿，保持双向通信。因此，根据实际使用环境的要求，可现场设置、调节、更改最佳的报警灵敏度，从而大大降低误报率。

### （二）火灾探测器的选择

（1）火灾探测器的选择原则

在消防报警及联动控制系统中，选择和确定火灾探测器的种类时应根据探测区域内可能发生的初期火灾的形成和发展的特征、空间高度、气流状况、环境条件以及可能引起误报的原因等因素决定。即火灾探测器应根据火灾特点选择，选择原则如下：

1）对火灾初期有阴燃阶段，产生大量的烟和少量的热，很少或没有火焰辐射的场所，应选择感烟火灾探测器。

2）对火灾发展迅速，可产生大量热、烟和火焰辐射的场所，可选择感温火灾探测器、感烟火灾探测器、火焰探测器或其组合。

3）对火灾发展迅速，有强烈的火焰辐射和少量烟、热的场所，应选择火焰探测器。

4）对火灾初期有阴燃阶段，且需要早期探测的场所，宜增设一氧化碳火灾探测器。

5）对使用、生产可燃气体或可燃蒸气的场所，应选择可燃气体探测器。

6）应根据保护场所可能发生火灾的部位和燃烧材料的分析，以及火灾探测器的类型、灵敏度和响应时间等选择相应的火灾探测器，对火灾形成特征不可预料的场所，可根据模拟试验的结果选择火灾探测器。

7）同一探测区域内设置多个火灾探测器时，可选择具有复合判断火灾功能的火灾探测器和火灾报警控制器。

（2）点型火灾探测器的选择

1）对不同高度的房间，可按表 2-3 选择点型火灾探测器。

表 2-3 对不同高度的房间选择点型火灾探测器的方法

| 房间高度 h /m | 点型感烟火灾探测器 | 点型感温火灾探测器 | | | 火焰探测器 |
| --- | --- | --- | --- | --- | --- |
| | | A1、A2 | B | C、D、E、F、G | |
| 8<h≤12 | 适合 | 不适合 | 不适合 | 不适合 | 适合 |
| 6<h≤8 | 适合 | 适合 | 不适合 | 不适合 | 适合 |
| 4<h≤6 | 适合 | 适合 | 适合 | 不适合 | 适合 |
| h≤4 | 适合 | 适合 | 适合 | 适合 | 适合 |

注：表中 A1、A2、B、C、D、E、F、G 为点型感温探测器的不同类别，其具体参数应符合 GB 50116—2013 的规定。

2）下列场所宜选择点型感烟火灾探测器。

① 饭店、旅馆、教学楼、办公楼的厅堂、卧室、办公室、商场、列车载客车厢等。

② 计算机机房、通信机房、电影或电视放映室等。

③ 楼梯、走道、电梯机房、车库等。

④ 书库、档案库等。

3）符合下列条件之一的场所，不宜选择点型离子感烟火灾探测器。

① 相对湿度经常大于 95%。

② 气流速度大于 5m/s。

③ 有大量粉尘、水雾滞留。

④ 可能产生腐蚀性气体。

⑤ 在正常情况下有烟滞留。

⑥ 产生醇类、醚类、酮类等有机物质。

4）符合下列条件之一的场所，不宜选择点型光电感烟火灾探测器。

① 有大量粉尘、水雾滞留。

② 可能产生蒸气和油雾。

③ 高海拔地区。

④ 在正常情况下有烟滞留。

5）符合下列条件之一的场所，宜选择点型感温火灾探测器，且应根据使用场所的典型应用温度和最高应用温度选择适当类别的感温火灾探测器。

① 相对湿度经常大于 95%。

② 可能发生无烟火灾。

③ 有大量粉尘。

④ 吸烟室等在正常情况下有烟或蒸气滞留的场所。

⑤ 厨房、锅炉房、发电机房、烘干车间等不宜安装感烟火灾探测器的场所。

⑥ 需要联动熄灭"安全出口"标志灯的安全出口内侧。

⑦ 其他无人滞留且不适合安装感烟火灾探测器，但发生火灾时需要及时报警的场所。

6) 可能产生阴燃或发生火灾不及时报警将造成重大损失的场所，不宜选择点型感温火灾探测器；温度在 0℃ 以下的场所，不宜选择定温探测器；温度变化较大的场所，不宜选择具有差温特性的探测器。

7) 符合下列条件之一的场所，宜选择点型火焰探测器或图像型火焰探测器。

① 发生火灾时有强烈的火焰辐射。

② 可能发生液体燃烧等无阴燃阶段的火灾。

③ 需要对火焰做出快速反应。

8) 符合下列条件之一的场所，不宜选择点型火焰探测器和图像型火焰探测器。

① 在火焰出现前有浓烟扩散。

② 探测器的镜头易被污染。

③ 探测器的"视线"易被油雾、烟雾、水雾和冰雪遮挡。

④ 探测区域内的可燃物是金属和无机物。

⑤ 探测器易受阳光、白炽灯等光源直接或间接照射。

9) 探测区域内正常情况下有高温物体的场所，不宜选择单波段红外火焰探测器。

10) 正常情况下有明火作业，探测器易受 X 射线、弧光和闪电等影响的场所，不宜选择紫外火焰探测器。

11) 下列场所宜选择可燃气体探测器。

① 使用可燃气体的场所。

② 燃气站和燃气表房以及存储液化石油气罐的场所。

③ 其他散发可燃气体和可燃蒸气的场所。

12) 在火灾初期产生一氧化碳的下列场所可选择点型一氧化碳火灾探测器。

① 烟不容易对流或顶棚下方有热屏障的场所。

② 在棚顶上无法安装其他点型火灾探测器的场所。

③ 需要多信号复合报警的场所。

13) 污物较多且必须安装感烟火灾探测器的场所，应选择间断吸气的点型采样吸气式感烟火灾探测器或具有过滤网和管路自清洗功能的管路采样吸气式感烟火灾探测器。

(3) 线型光束火灾探测器的选择

1) 无遮挡的大空间或有特殊要求的房间，宜选择线型光束感烟火灾探测器。

2) 符合下列条件之一的场所，不宜选择线型光束感烟火灾探测器。

① 有大量粉尘、水雾滞留。

② 可能产生蒸气和油雾。

③ 在正常情况下有烟滞留。

④ 固定探测器的建筑结构由于振动等原因会产生较大位移的场所。

3) 下列场所或部位，宜选择缆式线型感温火灾探测器。

① 电缆隧道、电缆竖井、电缆夹层、电缆桥架。

② 不易安装点型探测器的夹层、闷顶。

③ 各种带传动输送装置。

④ 其他环境恶劣不适合点型探测器安装的场所。

4）下列场所或部位，宜选择线型光纤感温火灾探测器。

① 除液化石油气外的石油储罐。

② 需要设置线型感温火灾探测器的易燃易爆场所。

③ 需要监测环境温度的地下空间等场所宜设置具有实时温度监测功能的线型光纤感温火灾探测器。

④ 公路隧道、敷设动力电缆的铁路隧道和城市地铁隧道等。

5）线型定温火灾探测器的选择，应保证其不动作温度符合设置场所的最高环境温度要求。

（4）吸气式感烟火灾探测器的选择

1）下列场所宜选择吸气式感烟火灾探测器。

① 具有高速气流的场所。

② 点型感烟、感温火灾探测器不适宜的大空间、舞台上方、建筑高度超过12m或有特殊要求的场所。

③ 低温场所。

④ 需要进行隐蔽探测的场所。

⑤ 需要进行火灾早期探测的重要场所。

⑥ 人员不宜进入的场所。

2）灰尘比较大的场所，不应选择没有过滤网和管路自清洗功能的管路采样式吸气感烟火灾探测器。

**（三）设备的设置要求**

（1）火灾报警控制器和消防联动控制器的设置

1）火灾报警控制器和消防联动控制器，应设置在消防控制室内或有人值班的房间和场所。

2）火灾报警控制器和消防联动控制器安装在墙上时，其主显示屏高度宜为1.5~1.8m，其靠近门轴的侧面距墙不应小于0.5m，正面操作距离不应小于1.2m。

3）集中报警系统和控制中心报警系统中的区域火灾报警控制器在满足下列条件时，可设置在无人值班的场所。

① 本区域内无需要手动控制的消防联动设备。

② 本火灾报警控制器的所有信息在集中火灾报警控制器上均有显示，且能接收起集中控制功能的火灾报警控制器的联动控制信号，并自动启动相应的消防设备。

③ 设置的场所只有值班人员可以进入。

（2）火灾探测器的设置

1）探测器的具体设置部位应按GB 50116—2013附录D安装。

2）点型火灾探测器的设置应符合下列规定。

① 探测区域的每个房间应至少设置一只火灾探测器。

② 感烟火灾探测器和A1、A2、B型感温火灾探测器的保护面积和保护半径，应按

表 2-4 确定；C、D、E、F、G 型感温火灾探测器的保护面积和保护半径，应根据生产企业设计说明书确定，但不应超过表 2-4 的规定。

表 2-4 感烟火灾探测器和 A1、A2、B 型感温火灾探测器的保护面积和保护半径

| 火灾探测器的种类 | 地面面积 S /m² | 房间高度 h/m | 一只探测器的保护面积 A 和保护半径 R | | | | | |
|---|---|---|---|---|---|---|---|---|
| | | | 房间坡度 θ | | | | | |
| | | | θ≤15° | | 15°<θ≤30° | | θ>30° | |
| | | | A/m² | R/m | A/m² | R/m | A/m² | R/m |
| 感烟火灾探测器 | S≤80 | h≤12 | 80 | 6.7 | 80 | 7.2 | 80 | 8.0 |
| | S>80 | 6<h≤12 | 80 | 6.7 | 100 | 8.0 | 120 | 9.9 |
| | | h≤6 | 60 | 5.8 | 80 | 7.2 | 100 | 9.0 |
| 感温火灾探测器 | S≤30 | h≤8 | 30 | 4.4 | 30 | 4.9 | 30 | 5.5 |
| | S>30 | h≤8 | 20 | 3.6 | 30 | 4.9 | 40 | 6.3 |

注意：建筑高度不超过 14m 的封闭探测空间，且火灾初期会产生大量的烟时，可设置点型感烟火灾探测器。

3）感烟火灾探测器、感温火灾探测器的安装间距，应根据探测器的保护面积 A 和保护半径 R 确定，并不应超过 GB 50116—2013 附录 E 探测器安装间距的极限曲线 $D_1 \sim D_{11}$（含 $D_9'$）规定的范围。

4）一个探测区域内所需设置的探测器数量，不应小于下列公式的计算值：

$$N = \frac{S}{KA}$$

式中　N——探测器数量（只），应取整数；

　　　S——该探测区域面积（m²）；

　　　A——探测器的保护面积（m²）；

　　　K——修正系数，容纳人数超过 10000 人的公共场所宜取 0.7～0.8；容纳人数为 2000～10000 人的公共场所宜取 0.8～0.9，容纳人数为 500～2000 人的公共场所宜取 0.9～1.0，其他场所可取 1.0。

5）在有梁的顶棚上设置点型感烟火灾探测器、感温火灾探测器时，应符合下列规定。

① 当梁突出顶棚的高度小于 200mm 时，可不计梁对探测器保护面积的影响。

② 当梁突出顶棚的高度为 200～600mm 时，应按 GB 50116—2013 附录 F、附录 G 确定梁对探测器保护面积的影响和一只探测器能够保护的梁间区域的数量。

③ 当梁突出顶棚的高度超过 600mm 时，被梁隔断的每个梁间区域应至少设置一只探测器。

④ 当被梁隔断的区域面积超过一只探测器的保护面积时，被隔断的区域应按 4）规定计算探测器的设置数量。

⑤ 当梁间净距小于 1m 时，可不计梁对探测器保护面积的影响。

6）在宽度小于 3m 的内走道顶棚上设置点型探测器时，宜居中布置。感温火灾探测器的安装间距不应超过 10m；感烟火灾探测器的安装间距不应超过 15m；探测器至端墙的距离，不应大于探测器安装间距的 1/2。

7）点型探测器至墙壁、梁边的水平距离，不应小于0.5m。

8）点型探测器周围0.5m内，不应有遮挡物。

9）房间被书架、设备或隔断等分隔，其顶部至顶棚或梁的距离小于房间净高的5%时，每个被隔开的部分应至少安装一只点型探测器。

10）点型探测器至空调送风口的水平距离不应小于1.5m，并宜接近回风口安装。探测器至多孔送风顶棚孔口的水平距离不应小于0.5m。

11）当屋顶有热屏障时，点型感烟火灾探测器下表面至顶棚或屋顶的距离，应符合表2-5的规定。

表2-5　点型感烟火灾探测器下表面至顶棚或屋顶的距离

| 探测器的安装高度 $h$/m | 感烟探测器下表面至顶棚或屋顶的距离 $d$/mm | | | | | |
| --- | --- | --- | --- | --- | --- | --- |
| | 顶棚或屋顶坡度 $\theta$ | | | | | |
| | $\theta \leqslant 15°$ | | $15° < \theta \leqslant 30°$ | | $\theta > 30°$ | |
| | 最小 | 最大 | 最小 | 最大 | 最小 | 最大 |
| $h \leqslant 6$ | 30 | 200 | 200 | 300 | 300 | 500 |
| $6 < h \leqslant 8$ | 70 | 250 | 250 | 400 | 400 | 600 |
| $8 < h \leqslant 10$ | 100 | 300 | 300 | 500 | 500 | 700 |
| $10 < h \leqslant 12$ | 150 | 350 | 350 | 600 | 600 | 800 |

12）锯齿形屋顶和坡度大于15°的人字形屋顶，应在每个屋脊处设置一排点型探测器，探测器下表面至屋顶最高处的距离，应符合11）的规定。

13）点型探测器宜水平安装。当倾斜安装时，倾斜角不应大于45°。

14）在电梯井、升降机井设置点型探测器时，其位置宜在井道上方的机房顶棚上。

15）一氧化碳火灾探测器可设置在气体能够扩散到的任何部位。

16）火焰探测器和图像型火灾探测器的设置，应符合下列规定。

① 应计算探测器的探测视角及最大探测距离，可通过选择探测距离长、火灾报警响应时间短的火焰探测器，提高保护面积要求和报警时间要求。

② 探测器的探测视角内不应存在遮挡物。

③ 应避免光源直接照射在探测器的探测窗口。

④ 单波段的火焰探测器不应设置在平时有阳光、白炽灯等光源直接或间接照射的场所。

17）线型光束感烟火灾探测器的设置应符合下列规定。

① 探测器的光束轴线至顶棚的垂直距离宜为0.3~1.0m，距地高度不宜超过20m。

② 相邻两组探测器的水平距离不应大于14m，探测器至侧墙水平距离不应大于7m，且不应小于0.5m，探测器的发射器和接收器之间的距离不宜超过100m。

③ 探测器应设置在固定结构上。

④ 探测器的设置应保证其接收端避开日光和人工光源直接照射。

⑤ 选择反射式探测器时，应保证在反射板与探测器间任何部位进行模拟试验时，探测器均能正确响应。

18）线型感温火灾探测器的设置应符合下列规定。

① 探测器在保护电缆、堆垛等类似保护对象时，应采用接触式布置；对于各种带传动

输送装置，宜设置在装置的过热点附近。

② 设置在顶棚下方的线型感温火灾探测器，至顶棚的距离宜为 0.1m。探测器的保护半径应符合点型感温火灾探测器的保护半径要求；探测器至墙壁的距离宜为 1~1.5m。

③ 光栅光纤感温火灾探测器每个光栅的保护面积和保护半径，应符合点型感温火灾探测器的保护面积和保护半径要求。

④ 设置线型感温火灾探测器的场所有联动要求时，宜采用两只不同火灾探测器的报警信号组合。

⑤ 与线型感温火灾探测器连接的模块不宜设置在长期潮湿或温度变化较大的场所。

19）管路采样式吸气感烟火灾探测器的设置应符合下列规定。

① 非高灵敏型探测器的采样管网安装高度不应超过 16m；高灵敏型探测器的采样管网安装高度可超过 16m；采样管网安装高度超过 16m 时，灵敏度可调的探测器应设置为高灵敏度且应减小采样管长度和采样孔数量。

② 探测器每个采样孔的保护面积、保护半径，应符合点型感烟火灾探测器的保护面积、保护半径的要求。

③ 一个探测单元的采样管总长不宜超过 200m，单管长度不宜超过 100m，同一根采样管不应穿越防火分区。采样孔总数不宜超过 100 个，单管上的采样孔数量不宜超过 25 个。

④ 当采样管道采用毛细管布置方式时，毛细管长度不宜超过 4m。

⑤ 吸气管路和采样孔应有明显的火灾探测器标识。

⑥ 对有过梁、空间支架的建筑，采样管路应固定在过梁、空间支架上。

⑦ 当采样管道布置形式为垂直采样时，每 2℃ 温差间隔或 3m 间隔（取最小者）应设置一个采样孔，采样孔不应背对气流方向。

⑧ 采样管网应按经过确认的设计软件或方法进行设计。

⑨ 探测器的火灾报警信号、故障信号等信息应传给火灾报警控制器，涉及消防联动控制时，探测器的火灾报警信号还应传给消防联动控制器。

20）感烟火灾探测器在格栅吊顶场所的设置，应符合下列规定。

① 镂空面积与总面积的比例不大于 15% 时，探测器应设置在吊顶下方。

② 镂空面积与总面积的比例大于 30% 时，探测器应设置在吊顶上方。

③ 镂空面积与总面积的比例为 15%~30% 时，探测器的设置部位应根据实际试验结果确定。

④ 探测器设置在吊顶上方且火警确认灯无法观察时，应在吊顶下方设置火警确认灯。

⑤ 地铁站台等有活塞风影响的场所，镂空面积与总面积的比例为 30%~70% 时，探测器宜同时设置在吊顶上方和下方。

21）未涉及的其他火灾探测器的设置应按企业提供的设计手册或使用说明书进行设置，必要时可通过模拟保护对象火灾场景等方式对探测器的设置情况进行验证。

（3）手动火灾报警按钮的设置

1）每个防火分区应至少设置一只手动火灾报警按钮。从一个防火分区内的任何位置到最邻近的手动火灾报警按钮的步行距离不应大于 30m。手动火灾报警按钮宜设置在疏散通道或出入口处。列车上设置的手动火灾报警按钮，应设置在每节车厢的出入口和中间部位。

2）手动火灾报警按钮应设置在明显和便于操作的部位。当采用壁挂方式安装时，其底边距地高度宜为 1.3~1.5m，且应有明显的标志。

（4）区域显示器的设置

1）每个报警区域宜设置一台区域显示器（火灾显示盘）；宾馆、饭店等场所应在每个报警区域设置一台区域显示器。当一个报警区域包括多个楼层时，宜在每个楼层设置一台仅显示本楼层的区域显示器。

2）区域显示器应设置在出入口等明显和便于操作的部位。当采用壁挂方式安装时，其底边距地高度宜为 1.3~1.5m。

（5）火灾警报器的设置

1）火灾警报器应设置在每个楼层的楼梯口、消防电梯前室、建筑内部拐角等处的明显部位，且不宜与安全出口指示标志灯设置在同一面墙上。

2）每个报警区域内应均匀设置火灾警报器，其声压级不应小于 60dB；在环境噪声大于 60dB 的场所，其声压级应高于背景噪声 15dB。

3）当火灾警报器采用壁挂方式安装时，其底边距地面高度应大于 2.2m。

（6）消防应急广播的设置

1）消防应急广播扬声器的设置，应符合下列规定。

① 民用建筑内扬声器应设置在走道和大厅等公共场所。每个扬声器的额定功率不应小于 3W，其数量应能保证从一个防火分区内的任何部位到最近一个扬声器的直线距离不大于 25m，走道末端距最近的扬声器距离不应大于 12.5m。

② 在环境噪声大于 60dB 的场所设置的扬声器，在其播放范围内最远点的播放声压级应高于背景噪声 15dB。

③ 客房设置专用扬声器时，其功率不宜小于 1W。

2）壁挂扬声器的底边距地面高度应大于 2.2m。

（7）消防专用电话的设置

1）消防专用电话网络应为独立的消防通信系统。

2）消防控制室应设置消防专用电话总机。

3）多线制消防专用电话系统中的每个电话分机应与总机单独连接。

4）电话分机或电话插孔的设置，应符合下列规定：

① 消防水泵房、发电机房、配变电室、计算机网络机房、主要通风和空调机房、防排烟机房、灭火控制系统操作装置处或控制室、企业消防站、消防值班室、总调度室、消防电梯机房及其他与消防联动控制有关的且经常有人值班的机房应设置消防专用电话分机。消防专用电话分机，应固定安装在明显且便于使用的部位，并应有区别于普通电话的标识。

② 设有手动火灾报警按钮或消火栓按钮等处，宜设置电话插孔，并宜选择带有电话插孔的手动火灾报警按钮。

③ 各避难层应每隔 20m 设置一个消防专用电话分机或电话插孔。

④ 电话插孔在墙上安装时，其底边距地面高度宜为 1.3~1.5m。

5）消防控制室、消防值班室或企业消防站等处，应设置可直接报警的外线电话。

（8）模块的设置

1）每个报警区域内的模块宜相对集中设置在本报警区域内的金属模块箱中。

2）模块严禁设置在配电（控制）柜（箱）内。

3）本报警区域内的模块不应控制其他报警区域的设备。

4）未集中设置的模块附近应有尺寸不小于 100mm×100mm 的标识。

（9）消防控制室图形显示装置的设置

1）消防控制室图形显示装置应设置在消防控制室内，并应符合火灾报警控制器的安装设置要求。

2）消防控制室图形显示装置与火灾报警控制器、消防联动控制器、电气火灾监控器、可燃气体报警控制器等消防设备之间，应采用专用线路连接。

（10）火灾报警传输设备或用户信息传输装置的设置

1）火灾报警传输设备或用户信息传输装置，应设置在消防控制室内；未设置消防控制室时，应设置在火灾报警控制器附近的明显部位。

2）火灾报警传输设备或用户信息传输装置与火灾报警控制器、消防联动控制器等设备之间，应采用专用线路连接。

3）火灾报警传输设备或用户信息传输装置的设置，应保证有足够的操作和检修间距。

4）火灾报警传输设备或用户信息传输装置的手动报警装置，应设置在便于操作的明显部位。

（11）防火门监控器的设置

1）防火门监控器应设置在消防控制室内，未设置消防控制室时，应设置在有人值班的场所。

2）电动开门器的手动控制按钮应设置在防火门内侧墙面上，距门不宜超过 0.5m，底边距地面高度宜为 0.9~1.3m。

3）防火门监控器的设置应符合火灾报警控制器的安装设置要求。

**（四）系统联动控制的设计要求**

（1）一般规定

1）消防联动控制器应能按设定的控制逻辑向各相关的受控设备发出联动控制信号，并接受相关设备的联动反馈信号。

2）消防联动控制器的电压控制输出应采用直流 24V，其电源容量应满足受控消防设备同时启动且维持工作的控制容量要求。

3）各受控设备接口的特性参数应与消防联动控制器发出的联动控制信号相匹配。

4）消防水泵、防烟和排烟风机的控制设备，除应采用联动控制方式外，还应在消防控制室设置手动直接控制装置。

5）启动电流较大的消防设备宜分时启动。

6）需要火灾自动报警系统联动控制的消防设备，其联动触发信号应采用两个独立的报警触发装置报警信号的"与"逻辑组合。

（2）自动喷水灭火系统的联动控制设计

1）湿式系统和干式系统的联动控制设计，应符合下列规定。

① 联动控制方式，应由湿式报警阀压力开关的动作信号作为触发信号，直接控制启动喷淋消防泵，联动控制不应受消防联动控制器处于自动或手动状态的影响。

② 手动控制方式，应将喷淋消防泵控制箱（柜）的启动、停止按钮用专用线路直接连接至设置在消防控制室内的消防联动控制器的手动控制盘，直接手动控制喷淋消防泵的启

动、停止。

③ 水流指示器、信号阀、压力开关、喷淋消防泵的启动和停止的动作信号应反馈至消防联动控制器。

2）预作用系统的联动控制设计，应符合下列规定。

① 联动控制方式，应由同一报警区域内两只及以上独立的感烟火灾探测器或一只感烟火灾探测器与一只手动火灾报警按钮的报警信号，作为预作用阀组开启的联动触发信号。由消防联动控制器控制预作用阀组的开启，使系统转变为湿式系统；当系统设有快速排气装置时，应联动控制排气阀入口前电动阀的开启。

② 手动控制方式，应将喷淋消防泵控制箱（柜）的启动和停止按钮、预作用阀组和快速排气阀入口前电动阀的启动和停止按钮，用专用线路直接连接至设置在消防控制室内的消防联动控制器的手动控制盘，直接手动控制喷淋消防泵的启动、停止及预作用阀组和电动阀的开启。

③ 水流指示器、信号阀、压力开关、喷淋消防泵的启动和停止的动作信号，有压气体管道气压状态信号和快速排气阀入口前电动阀的动作信号应反馈至消防联动控制器。

3）雨淋系统的联动控制设计，应符合下列规定。

① 联动控制方式，应由同一报警区域内两只及以上独立的感温火灾探测器或一只感温火灾探测器与一只手动火灾报警按钮的报警信号，作为雨淋阀组开启的联动触发信号，应由消防联动控制器控制雨淋阀组的开启。

② 手动控制方式，应将雨淋消防泵控制箱（柜）的启动和停止按钮、雨淋阀组的启动和停止按钮，用专用线路直接连接至设置在消防控制室内的消防联动控制器的手动控制盘，直接手动控制雨淋消防泵的启动、停止及雨淋阀组的开启。

③ 水流指示器，压力开关，雨淋阀组、雨淋消防泵的启动和停止的动作信号应反馈至消防联动控制器。

4）自动控制的水幕系统的联动控制设计，应符合下列规定。

① 联动控制方式，当自动控制的水幕系统用于防火卷帘的保护时，应由防火卷帘下落到楼板面的动作信号与本报警区域内任一火灾探测器或手动火灾报警按钮的报警信号作为水幕阀组启动的联动触发信号，并应由消防联动控制器联动控制水幕系统相关控制阀组的启动；仅用水幕系统作为防火分隔时，应由该报警区域内两只独立的感温火灾探测器的火灾报警信号作为水幕阀组启动的联动触发信号，并应由消防联动控制器联动控制水幕系统相关控制阀组的启动。

② 手动控制方式，应将水幕系统相关控制阀组和消防泵控制箱（柜）的启动、停止按钮用专用线路直接连接至设置在消防控制室内的消防联动控制器的手动控制盘，并应直接手动控制消防泵的启动、停止及水幕系统相关控制阀组的开启。

③ 压力开关、水幕系统相关控制阀组和消防泵的启动、停止的动作信号，应反馈至消防联动控制器。

（3）消火栓系统的联动控制设计

1）联动控制方式，应由消火栓系统出水管上设置的低压压力开关、高位消防水箱出水管上设置的流量开关或报警阀压力开关等信号作为触发信号，直接控制启动消火栓泵，联动控制不应受消防联动控制器处于自动或手动状态的影响。当设置消火栓按钮时，消火栓按钮的动作信号应作为报警信号及启动消火栓泵的联动触发信号，由消防联动控制器联动控制消火栓泵的启动。

2）手动控制方式，应将消火栓泵控制箱（柜）的启动、停止按钮用专用线路直接连接至设置在消防控制室内的消防联动控制器的手动控制盘，并应直接手动控制消火栓泵的启动、停止。

3）消火栓泵的动作信号应反馈至消防联动控制器。

（4）气体灭火系统、泡沫灭火系统的联动控制设计

1）气体灭火系统、泡沫灭火系统应分别由专用的气体灭火控制器、泡沫灭火控制器控制。

2）气体灭火控制器、泡沫灭火控制器直接连接火灾探测器时，气体灭火系统、泡沫灭火系统的自动控制方式应符合下列规定。

① 应由同一防护区域内两只独立的火灾探测器的报警信号、一只火灾探测器与一只手动火灾报警按钮的报警信号或防护区外的紧急启动信号，作为系统的联动触发信号，探测器的组合宜采用感烟火灾探测器和感温火灾探测器，各类探测器应分别计算保护面积。

② 气体灭火控制器、泡沫灭火控制器在接收到满足联动逻辑关系的首个联动触发信号后，应启动设置在该防护区内的火灾声光警报器，且联动触发信号应为任一防护区域内设置的感烟火灾探测器、其他类型火灾探测器或手动火灾报警按钮的首次报警信号；在接收到第二个联动触发信号后，应发出联动控制信号，且联动触发信号应为同一防护区域内与首次报警的火灾探测器或手动火灾报警按钮相邻的感温火灾探测器、火焰探测器或手动火灾报警按钮的报警信号。

③ 联动控制信号应包括下列内容：关闭防护区域的送（排）风机及送（排）风阀门；停止通风和空气调节系统及关闭设置在该防护区域的电动防火阀；联动控制防护区域开口封闭装置的启动，包括关闭防护区域的门、窗；启动气体灭火装置、泡沫灭火装置，气体灭火控制器、泡沫灭火控制器，可设定不大于30s的延迟喷射时间。

④ 平时无人工作的防护区，可设置为无延迟的喷射，应在接收到满足联动逻辑关系的首个联动触发信号后按③规定执行除启动气体灭火装置、泡沫灭火装置外的联动控制；在接收到第二个联动触发信号后，应启动气体灭火装置、泡沫灭火装置。

⑤ 气体灭火防护区出口外上方应设置表示有气体释放的火灾声光警报器，指示气体释放的声信号应与该保护对象中设置的火灾声光警报器的声信号有明显区别。启动气体灭火装置、泡沫灭火装置的同时，应启动设置在防护区入口处表示有气体释放的火灾声光警报器；组合分配系统应首先开启相应防护区域的选择阀，然后启动气体灭火装置、泡沫灭火装置。

3）气体灭火控制器、泡沫灭火控制器不直接连接火灾探测器时，气体灭火系统、泡沫灭火系统的自动控制方式应符合下列规定。

① 气体灭火系统、泡沫灭火系统的联动触发信号应由火灾报警控制器或消防联动控制器发出。

② 气体灭火系统、泡沫灭火系统的联动触发信号和联动控制均应符合2）的规定。

4）气体灭火系统、泡沫灭火系统的手动控制方式应符合下列规定。

① 在防护区疏散出口的门外应设置气体灭火装置、泡沫灭火装置的手动启动和停止按钮。手动启动按钮按下时，气体灭火控制器、泡沫灭火控制器应执行符合2）的③和⑤规定

的联动操作；手动停止按钮按下时，气体灭火控制器、泡沫灭火控制器应停止正在执行的联动操作。

② 气体灭火控制器、泡沫灭火控制器上应设置对应于不同防护区的手动启动和停止按钮。手动启动按钮按下时，气体灭火控制器、泡沫灭火控制器应执行符合 2）的③和⑤款规定的联动操作；手动停止按钮按下时，气体灭火控制器、泡沫灭火控制器应停止正在执行的联动操作。

5）气体灭火装置、泡沫灭火装置启动及喷放各阶段的联动控制及系统的反馈信号，应反馈至消防联动控制器。系统的联动反馈信号应包括下列内容。

① 气体灭火控制器、泡沫灭火控制器直接连接的火灾探测器的报警信号。

② 选择阀的动作信号。

③ 压力开关的动作信号。

6）在防护区域内设有手动与自动控制转换装置的系统，其手动或自动控制方式的工作状态应在防护区内、外的手动和自动控制状态显示装置上显示，该状态信号应反馈至消防联动控制器。

（5）防烟排烟系统的联动控制设计

1）防烟系统的联动控制方式应符合下列规定。

① 应由加压送风口所在防火分区内的两只独立的火灾探测器或一只火灾探测器与一只手动火灾报警按钮的报警信号，作为送风口开启和加压送风机启动的联动触发信号，并应由消防联动控制器联动控制相关层前室等需要加压送风场所的送风口开启和加压送风机启动。

② 应由同一防烟分区内且位于电动挡烟垂壁附近的两只独立的感烟火灾探测器的报警信号，作为电动挡烟垂壁降落的联动触发信号，并应由消防联动控制器联动控制电动挡烟垂壁的降落。

2）排烟系统的联动控制方式应符合下列规定。

① 应由同一防烟分区内的两只独立的火灾探测器的报警信号，作为排烟口、排烟窗或排烟阀开启的联动触发信号，并应由消防联动控制器联动控制排烟口、排烟窗或排烟阀的开启，同时停止该防烟分区的空气调节系统。

② 应由排烟口、排烟窗或排烟阀开启的动作信号，作为排烟风机启动的联动触发信号，并应由消防联动控制器联动控制排烟风机的启动。

3）防烟系统、排烟系统的手动控制方式，应能在消防控制室内的消防联动控制器上手动控制送风口、电动挡烟垂壁、排烟口、排烟窗、排烟阀的开启或关闭及防烟风机、排烟风机等设备的启动或停止，防烟、排烟风机的启动、停止按钮应采用专用线路直接连接至设置在消防控制室内的消防联动控制器的手动控制盘，并应直接手动控制防烟、排烟风机的启动、停止。

4）送风口、排烟口、排烟窗或排烟阀开启和关闭的动作信号，防烟、排烟风机启动和停止及电动防火阀关闭的动作信号，均应反馈至消防联动控制器。

5）排烟风机入口处的总管上设置的 280℃ 排烟防火阀在关闭后应直接联动控制风机停止，排烟防火阀及风机的动作信号应反馈至消防联动控制器。

（6）防火门及防火卷帘系统的联动控制设计

1）防火门系统的联动控制设计，应符合下列规定。

① 应由常开防火门所在防火分区内的两只独立的火灾探测器或一只火灾探测器与一只手动火灾报警按钮的报警信号，作为常开防火门关闭的联动触发信号，联动触发信号应由火灾报警控制器或消防联动控制器发出，并应由消防联动控制器或防火门监控器联动控制防火门关闭。

② 疏散通道上各防火门的开启、关闭及故障状态信号应反馈至防火门监控器。

2）防火卷帘的升降应由防火卷帘控制器控制。

3）疏散通道上设置的防火卷帘的联动控制设计，应符合下列规定。

① 联动控制方式，防火分区内任两只独立的感烟火灾探测器或任一只专门用于联动防火卷帘的感烟火灾探测器的报警信号应联动控制防火卷帘下降至距楼板面 1.8m 处；任一只专门用于联动防火卷帘的感温火灾探测器的报警信号应联动控制防火卷帘下降到楼板面；在卷帘的任一侧距卷帘纵深 0.5~5m 内应设置不少于 2 只专门用于联动防火卷帘的感温火灾探测器。

② 手动控制方式，应由防火卷帘两侧设置的手动控制按钮控制防火卷帘的升降。

4）非疏散通道上设置的防火卷帘的联动控制设计，应符合下列规定。

① 联动控制方式，应由防火卷帘所在防火分区内任两只独立的火灾探测器的报警信号作为防火卷帘下降的联动触发信号，并应联动控制防火卷帘直接下降到楼板面。

② 手动控制方式，应由防火卷帘两侧设置的手动控制按钮控制防火卷帘的升降，并应能在消防控制室内的消防联动控制器上手动控制防火卷帘的降落。

5）防火卷帘下降至距楼板面 1.8m 处、下降到楼板面的动作信号和防火卷帘控制器直接连接的感烟、感温火灾探测器的报警信号，应反馈至消防联动控制器。

（7）电梯的联动控制设计

1）消防联动控制器应具有发出联动控制信号强制所有电梯停于首层或电梯转换层的功能。

2）电梯运行状态信息和停于首层或转换层的反馈信号，应传送给消防控制室显示，轿厢内应设置能直接与消防控制室通话的专用电话。

（8）火灾警报和消防应急广播系统的联动控制设计

1）消防自动报警系统应设置火灾声光警报器，并应在确认火灾后能够启动建筑内的所有火灾声光警报器。

2）未设置消防联动控制器的消防自动报警系统，火灾声光警报器应由火灾报警控制器控制；设置消防联动控制器的消防自动报警系统，火灾声光警报器应由火灾报警控制器或消防联动控制器控制。

3）公共场所宜设置具有同一种火灾变调声的火灾声光警报器；具有多个报警区域的保护对象，宜选用带有语音提示的火灾声光警报器；学校、工厂等各类日常使用电铃的场所，不应使用警铃作为火灾声光警报器。

4）火灾声光警报器设置带有语音提示功能时，应同时设置语音同步器。

5）同一建筑内设置多个火灾声光警报器时，消防自动报警系统应能同时启动和停止所有火灾声光警报器工作。

6）火灾声光警报器单次发出火灾警报时间宜为 8~20s，同时设有消防应急广播时，火灾声光警报应与消防应急广播交替循环播放。

7）集中报警系统和控制中心报警系统应设置消防应急广播。

8）消防应急广播系统的联动控制信号应由消防联动控制器发出。当确认火灾后，应能够同时向全楼进行广播。

9）消防应急广播的单次语音播放时间宜为10~30s，应与火灾声光警报器分时交替工作，可采取1次火灾声光警报器播放、1次或2次消防应急广播播放的交替工作方式循环播放。

10）在消防控制室应能手动或按预设控制逻辑联动控制选择广播分区、启动或停止应急广播系统，并应能监听消防应急广播。在通过传声器进行应急广播时，应自动对广播内容进行录音。

11）消防控制室内应能显示消防应急广播的广播分区的工作状态。

12）消防应急广播与普通广播或背景音乐广播合用时，应具有强制切入消防应急广播的功能。

（9）消防应急照明和疏散指示系统的联动控制设计

1）消防应急照明和疏散指示系统的联动控制设计，应符合下列规定。

① 集中控制型消防应急照明和疏散指示系统，应由火灾报警控制器或消防联动控制器启动应急照明控制器实现。

② 集中电源非集中控制型消防应急照明和疏散指示系统，应由消防联动控制器联动应急照明集中电源和应急照明分配电装置实现。

③ 自带电源非集中控制型消防应急照明和疏散指示系统，应由消防联动控制器联动消防应急照明配电箱实现。

2）当确认火灾后，由发生火灾的报警区域开始，顺序启动全楼疏散通道的消防应急照明和疏散指示系统，系统全部投入应急状态的启动时间不应大于5s。

（10）相关联动控制设计

1）消防联动控制器应具有切断火灾区域及相关区域的非消防电源的功能，当需要切断正常照明时，宜在自动喷淋系统、消火栓系统动作前切断。

2）消防联动控制器应具有自动打开涉及疏散的电动栅杆等的功能，宜开启相关区域安全技术防范系统的摄像机监视火灾现场。

3）消防联动控制器应具有打开疏散通道上由门禁系统控制的门和庭院电动大门的功能，并应具有打开停车场出入口挡杆的功能。

**（五）消防控制室的设置要求**

1）具有消防联动功能的消防自动报警系统的保护对象中应设置消防控制室。

2）消防控制室内设置的消防设备应包括火灾报警控制器、消防联动控制器、消防控制室图形显示装置、消防专用电话总机、消防应急广播控制装置、消防应急照明和疏散指示系统控制装置、消防电源监控器等设备或具有相应功能的组合设备。

3）消防控制室应设有用于火灾报警的外线电话。

4）消防控制室应有相应的竣工图纸、各分系统控制逻辑关系说明、设备使用说明书、系统操作规程、应急预案、值班制度、维护保养制度及值班记录等文件资料。

5）消防控制室送、回风管的穿墙处应设防火阀。

6）消防控制室内严禁穿过与消防设施无关的电气线路及管路。

7）消防控制室不应设置在电磁场干扰较强及其他影响消防控制室设备工作的设备用房附近。

8）消防控制室内设备的布置应符合下列规定：

① 设备面盘前的操作距离，单列布置时不应小于 1.5m；双列布置时不应小于 2m。

② 在值班人员经常工作的一面，设备面盘至墙的距离不应小于 3m。

③ 设备面盘后的维修距离不宜小于 1m。

④ 设备面盘的排列长度大于 4m 时，其两端应设置宽度不小于 1m 的通道。

⑤ 与建筑其他弱电系统合用的消防控制室内，消防设备应集中设置，并应与其他设备间有明显间隔。

**（六）系统的供电与接地设计要求**

（1）系统的供电设计

1）消防自动报警系统应设置交流电源和蓄电池备用电源。

2）消防自动报警系统的交流电源应采用消防电源，备用电源可采用火灾报警控制器和消防联动控制器自带的蓄电池电源或消防设备应急电源。当备用电源采用消防设备应急电源时，火灾报警控制器和消防联动控制器应采用单独的供电回路，并应保证在系统处于最大负载状态下不影响火灾报警控制器和消防联动控制器的正常工作。

3）消防控制室图形显示装置、消防通信设备等的电源，宜由 UPS 电源装置或消防设备应急电源供电。

4）消防自动报警系统主电源不应设置剩余电流动作保护和过负荷保护装置。

5）消防设备应急电源输出功率应大于火灾自动报警及联动控制系统全负荷功率的120%，蓄电池组的容量应保证消防自动报警及联动控制系统在火灾状态同时工作负荷条件下连续工作 3h 以上。

6）消防用电设备应采用专用的供电回路，其配电设备应设有明显标志。其配电线路和控制回路宜按防火分区划分。

（2）系统接地

1）消防自动报警系统接地装置的接地电阻值应符合下列规定。

① 采用共用接地装置时，接地电阻值不应大于 $1\Omega$。

② 采用专用接地装置时，接地电阻值不应大于 $4\Omega$。

2）消防控制室内的电气和电子设备的金属外壳、机柜、机架和金属管、槽等，应采用等电位连接。

3）由消防控制室接地板引至各消防电子设备的专用接地线应选用铜芯绝缘导线，其线芯截面积不应小于 $4mm^2$。

4）消防控制室接地板与建筑接地体之间，应采用线芯截面积不小于 $25mm^2$ 的铜芯绝缘导线连接。

## 八、质量评价标准

项目质量考核要求及评分标准见表 2-6。

表 2-6　项目质量考核要求及评分标准

| 考核项目 | 考核要求 | 配分 | 评分标准 | 扣分 | 得分 | 备注 |
|---|---|---|---|---|---|---|
| 对图样描述 | 1. 能正确描述系统的结构<br>2. 能正确描述系统的线制<br>3. 能说明传感器选择的原因<br>4. 能说明系统的探测和报警区域 | 30 | 1. 系统结构描述不清楚扣 5 分<br>2. 线制错误扣 5 分<br>3. 传感器选择原因表达不正确扣 3 分<br>4. 区域划分表达不清楚扣 3 分 | | | |
| 对设备的描述 | 1. 能正确说明设备的类型<br>2. 能正确确定设备数量<br>3. 简要说明设备的分布<br>4. 说明主要设备的用途<br>5. 了解设备的性能 | 30 | 1. 类型描述错误，每处扣 2 分<br>2. 数量错误，每处扣 4 分<br>3. 分布情况错误扣 5 分<br>4. 主要设备用途错误，每处扣 2 分 | | | |
| 对线缆的描述 | 1. 能说明线缆的类型<br>2. 能计算出线缆的长度<br>3. 简要说明计算的方法 | 40 | 1. 线缆类型错误，每处扣 3 分<br>2. 长度计算错误扣 10 分<br>3. 计算方法错误或不全面扣 10 分 | | | |

## 九、项目总结与回顾

根据你的体会说明消防报警及联动控制系统施工图识读中应注意哪些问题。

## 习　题

**1. 填空题**

（1）消防报警及联动系统设计时通常要遵循_____、_____、_____三个规范和_____一个措施。

（2）消防报警及联动系统设计过程中，当执行现行规范确有困难时，可由_____会同_____组织专家，进行技术论证并形成论证纪要，由参与人员签字后备存，然后按论证纪要执行。

（3）在消防报警及联动系统中，选择和确定火灾探测器的种类时应根据探测区域内可能发生的初期火灾的形成和发展的特征、_____、_____、_____以及可能引起误报的原因等因素决定。

（4）手动火灾报警按钮应设置在明显的和便于操作的部位。当安装在墙上时，其底边距地高度宜为_____，且应有明显的标志。

**2. 判断题**

（1）在消防报警及联动系统设计过程中，执行规范法规遇到矛盾时，应用现行标准取代原执行标准，国家标准服从行业标准。　　　　　　　　　　　　　　　　（　　）

（2）系统图主要反映系统的组成及设备间的相互连接关系。随所选报警控制器的类型、性能不同，系统图也有所差别。平面图主要反映设备平面布置、线路走向、敷设部位、敷设方式及导线型号、规格和数量等。　　　　　　　　　　　　　　　　　　　（　　）

（3）平面图不仅表示设备和线路的平面位置，也能反映空间高度。只要认真阅读平面图，就能计算出各种管线的长度。　　　　　　　　　　　　　　　　　　　　（　　）

**3. 单选题**

（1）探测区域应按独立房（套）间划分。一个探测区域的面积不宜超过 $500m^2$。从主要入口能看清其内部，且面积不超过_____$m^2$ 的房间，也可划分为一个探测区域。

　　A. $600m^2$　　　　　B. $800m^2$　　　　　C. $1000m^2$　　　　　D. $1500m^2$

（2）探测器周围_____内，不应有遮挡物。

    A．3m               B．1m               C．1.5m               D．0.5m

## 4．问答题

（1）消防报警及联动控制系统设计的原则和主要依据是什么？

（2）消防报警及联动控制系统的设计步骤是什么？

（3）消防报警及联动控制系统设计时需要绘制的施工图有哪些？

（4）报警、联动一体化系统与分体化系统的特点是什么？

（5）火灾探测器的选用原则是什么？

（6）消防控制室的设置要求是什么？

（7）消防自动报警系统接地装置的接地电阻值是多少？

# 项目三 消防报警及联动控制系统暗配线的施工

## 一、学习目标

1. 掌握暗配线布管的施工要求和施工方法。
2. 掌握管内穿线的要求和方法。

## 二、项目导入

暗配线是把电缆或电线放在建筑物结构内预埋的暗管里，与明配线比较，具有安全、美观以及不损坏建筑等优点。这种配线方式在现代工业和民用建筑里普遍采用。

采用暗配线方式敷设线路安全可靠，可避免腐蚀性气体侵蚀和遭受机械损伤。因为是在建筑物修建时将线管埋设在墙内、楼板或地坪内以及其他看不见的地方，不要求走向横平竖直，只要求按最短距离直线敷设，弯角越少越好。

## 三、学习任务

### （一）项目任务

本项目的任务是将房屋顶部两个感烟探测器与房间内的火灾报警控制器分别采用钢管和塑料管以暗配线方式连接起来。通过完成该任务，掌握暗配线布管的施工要求和施工方法，以及管内穿线的施工方法。（注意：只是将管线接入接线盒内，不安装设备。）

### （二）任务流程图

本项目的任务流程如图 3-1 所示。

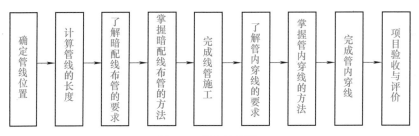

图 3-1 任务流程图

## 四、实施条件

要完成该项目，首先必须有一个安装施工的场地，并准备表 3-1 所示的材料和工具。

表 3-1 需准备的材料和工具

| 序号 | 设备类型 | 设备 |
|---|---|---|
| 1 | 采用钢管布管的材料 | 厚壁钢管或薄壁钢管 |
| 2 | 采用塑料管布管的材料 | PVC 塑料电线管或半硬聚氯乙烯塑料管或波纹塑料管 |

（续）

| 序号 | 设 备 类 型 | 设　　备 |
|---|---|---|
| 3 | 固定及接线材料 | 接线盒、连接件等 |
| 4 | 钢管除锈工具 | 可以选用下列工具之一:(1)风刷;(2)除锈枪;(3)电动刷;(4)针束除锈器;(5)圆形钢丝刷和铁丝 |
| 5 | 钢管涂漆工具与材料 | 刷子和防锈漆 |
| 6 | 锯管工具 | 切管机或钢锯、锉刀 |
| 7 | 管子套螺纹工具 | 套丝机、台虎钳、铰板 |
| 8 | 钢管的弯管工具 | 手动、液压或电动弯管器 |
| 9 | 硬塑料管弯管工具 | 胎具、沙子、木塞、弹簧、剪刀 |
| 10 | 管子之间以及管子与箱体的连接工具 | 焊接材料与焊接机、粘接材料、连接构件等 |
| 11 | 清扫管路的工具 | 吹风机 |
| 12 | 穿线的材料与工具 | 滑石粉、塑料管帽、橡胶护线套、引线、放线架等 |
| 13 | 调试和测量工具 | 绝缘电阻表、万用表 |

## 五、操作指导

### （一）采用钢管进行布管施工

#### 1. 施工的主要步骤

采用钢管进行暗配线布管施工的主要步骤如图 3-2 所示。

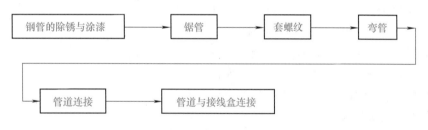

图 3-2　采用钢管进行暗配线布管施工的主要步骤

#### 2. 钢管的除锈与涂漆操作方法

为了防止钢管生锈，在配管前，应对管子进行除锈涂漆。管子内壁除锈，可采用圆形钢丝刷，两头各绑一根铁丝，穿过管子，来回拉动钢丝刷，把管子内壁铁锈清除干净。管子外壁除锈，可用钢丝刷打磨。当工程量大，需要除锈的钢管多时，可采用机械除锈（电动或风动工具除锈），如风刷、除锈枪、电动刷和针束除锈器等。但管子除锈应使用专用的管道除锈机才能有较高的效率。钢管除锈机，将被除锈的钢管在电动机带动下作低速转动，管子两侧以高速旋转的圆盘形钢丝刷与管壁接触且做轴向移动。钢丝刷的轴向移动速度应与管子的转速相配合，避免管子表面锈污漏刷。管子内壁除锈还可以选择小直径的钢管，外面缠以钢丝布带（也可以缠在钢筋上），使之形成比其内径略小的圆柱形钢丝刷。当把待除锈的管子在外面固定之后，圆管刷便可被电动机带动旋转除锈。

除锈后，将管子的内外表面涂以沥青漆。外表面涂漆可用刷子刷涂或喷涂，内表面涂漆可以采用灌涂。但埋设在混凝土中的线管外表面不要涂漆，以免影响混凝土的结构强度。

**3. 锯管的操作方法**

根据施工图对线管敷设线路进行复测，测量每段的实际长度，根据管子的原始长度，合理组合，规划好管子的搭配长度；要尽可能减少切锯管子，以免产生边角废料。必要时可锯断管子。在大型集中工地或临时加工场地，可采用切管机或套丝机切管。在现场切管时，用钢锯手工锯断时，要扶直锯架，使锯条保持平直；推锯前进时稍加压力，使其发生锯削作用，但用力不要过猛，以免折断锯条；拉回时，不加压力，锯稍抬起，尽量减少锯齿磨损；当管子快要锯断时，要减慢锯削速度，使管子平稳地锯断。

目前，现场应用较多的还有电动无齿锯，即砂轮锯。无论采用哪一种方法切管，管切断后，应及时用圆锉清除切口处的毛刺。切口应端正，不应出现倾斜口。

**4. 套螺纹的操作方法**

为了使管子之间或管子与接线盒（箱）之间连接起来，需要在管子端部套螺纹。厚壁钢管套螺纹，可用管螺纹板牙架（俗称铰板），常用的有 12.7～50.8mm 和 63.5～101.6mm 两种规格。薄壁钢管套螺纹，可用圆板牙架。厚壁钢管套螺纹时，先将管子固定在台虎钳上，再把板牙套在管端。焊接钢管套螺纹时，应先调整板牙架的活动刻度盘，使板牙符合需要的距离，用紧固螺钉把它固定，再调整板牙架上的 3 只调整螺钉，使其紧贴管子，这样可使所套螺纹不乱。板牙架调整好后，手握板牙架手柄，平稳地向里推进，按顺时针方向转动，如图 3-3 所示。操作时，用力要均匀，不应过猛。螺纹长度等于管箍长度的 1/2 加 2～3 圈。第一次套完后，松开板牙，边转边松，使其成为锥螺纹。在套螺纹过程中，要及时加冷却液，以便冷却板牙并保持螺纹光滑。

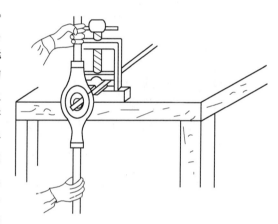

图 3-3 管子套螺纹示意图

薄壁钢管套螺纹，其板牙与厚壁钢管套螺纹的板牙不同，操作比较简单，只要把板牙架放正，平稳地向里推进，就可以套出所需的螺纹来。套完螺纹后，随即清扫管口，将管口端面和内壁的毛刺用锉刀锉光，使管口保持光滑，以免割破导线绝缘层。

在工程量大的情况下，套螺纹可以使用套丝机。其操作简便，套螺纹和切管效率高，应用十分普遍。其套螺纹原理与手工完全相同，只是管子由电动机带动转动，板牙卡在套丝机架上不动。

**5. 弯管的操作方法**

根据复测线路，确定管子的弯曲角度。弯管是暗配管的主要工作之一，主要有手工弯管和机械弯管两类。手工弯管适用于直径小于 50mm 的钢管，有自制厚木板弯管器弯管、弯管器（手动）弯管、气焊加热弯管等；机械弯管有液压弯管和电动弯管两种。

（1）自制厚木板弯管器弯管

这种弯管器可根据现场具体情况自制。对于弯管壁较薄、直径较小的钢管，可用一块硬质厚木板,开一个宽25mm、深30mm的槽,把管子嵌进槽中,用手边向下按,边把管子向前推进,一点一点弯出规定的弧度,如图3-4所示。

(2)弯管器(手动)弯管

在弯制管壁较厚、管径不算太大的管子时,可用弯管器弯管,如图3-5所示。操作时,先将管子需要弯曲部位的前段放在弯管器内,用脚踩住管子,手扳弯管器柄,稍加一定的压力,使管子略有弯曲,再逐点移动弯管器,使管子弯成所需要的弯曲半径。

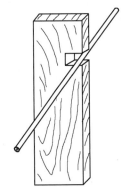

图 3-4　用硬质厚木板弯管　　　　　　　　　图 3-5　用弯管器弯管

(3)气焊加热弯管

厚壁管和管径较粗的钢管可用气焊加热进行弯曲。但要掌握火候,钢管烧得不红弯不动,烧得太红或烧得不均匀容易弯瘪。对于管径较大的管子,最好在弯曲前将管内装满沙子,并震实,两头用木塞塞紧,再用气焊烘烧弯曲,这样弯曲部位变形很小,不会出现弯瘪和起皱现象。

另外在预埋管露出建筑物的部分出现不直、位置不正时可用气焊整形。对于气焊烘烧过的部位,应补涂防腐油漆,再进行埋地配管。

(4)液压弯管

液压弯管机可弯制管径较大、管壁较厚的钢管。液压弯管是将被弯曲的管子卡在模具上,模具的规格应按管径来选取。弯曲时以液压为动力,将管子顶弯,如图3-6所示。对于管径在70mm以上的钢管,同样应充满沙子后再弯,以防管子弯瘪。采用液压弯管器,弯出的管子成型好,表面光滑。可以用粗铁丝制成弯曲角度样板,边弯边对照。

(5)电动弯管

电动弯管器与液压弯管器工作原理基本相同,只是顶模具的动力件变成了丝杠。

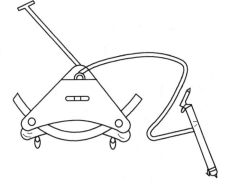

图 3-6　液压弯管机

在弯管过程中,需注意的是不要把管子弯瘪,以免造成以后穿线困难,所以要掌握一定技巧。

此外,还要注意弯曲方向和管子焊缝位置之间的关系,焊缝如处于弯曲方向内侧或外侧，管子容易出现裂缝，而且由于焊接处的管内壁往往有毛刺，如果处于弯曲方向的内侧，则穿线时容易把导线擦伤，影响绝缘性能。特别是管子有两个以上弯头时，更要注意管子焊缝位置要与弯曲方向错开。

### 6. 管子的连接方法

薄壁钢管的连接。薄壁钢管一般采用螺纹连接。在接续的管子两接头处按标准尺寸套螺纹（短螺纹套管有标准件），钢管端部套螺纹长度略大于管子连接短螺纹套管的 1/2。连接时，先将短螺纹套管旋在不能转动的管端上，再将另一端接续的管子旋入短螺纹套管，使管子的对缝处在短螺纹套管的中央。接续好后，按表 3-2 规定的圆钢或扁钢对接续处两端做跨接。跨接点采用焊接的方式。

表 3-2 跨接线选择表

| 公称直径/mm | 跨接线/mm |
| --- | --- |
| ≤25 | φ6(圆钢) |
| 32 | φ8(圆钢) |
| 40～50 | φ10(圆钢) |
| 70～80 | 25×4(扁钢) |

厚壁钢管的连接。厚壁钢管一般采用套管连接。套管连接是选用大于被接续管径一个规格的管子，取长度为连续管半径的 1.5～2 倍；经车床加工，内径扩大，以能套在被接续的管子上为宜，该套管也叫管箍。接续时，将套管套在被接续的两管端头，使对接缝处在套管中央，在套管两端施焊，以防止漏入管接缝中的焊瘤刺破导线绝缘。

**注意：对于埋设在地层或有腐蚀气体的场所，为了保证管接口的严密性，管子螺纹部位应涂以铅油缠上麻丝，或缠以聚四氟乙烯塑料防水带后，再旋紧螺纹。对于套管连接，套管两端必须焊接严密。**

管子加工好后，方可配管。配管工作一般从接线箱、控制箱或分线盒处开始，逐段配至各火灾报警设备，有时也可以从设备端开始，逐段配至接线箱处。无论从哪里开始，都应使整个管路接通。

### 7. 钢管与盒体的连接方法

暗敷钢管与接线盒、开关盒、灯头盒和各种设备箱体的连接有螺纹连接和焊接两种方法。

螺纹连接是在连接管端套螺纹 15～20mm。先在管端旋上一个薄螺母（俗称纳子），穿入盒内，再用手旋上盒内螺母，让管子露出两扣螺纹，最后用扳手把盒子外螺母旋紧，如图 3-7 所示。

这种连接方法适于与火灾报警设备的连接。为了可靠地进行电气连接，在管端焊接相应的接地螺钉，用软铜线与设备的接地端子连接。对于钢管与接线盒、设备箱等的暗敷螺纹连接，应将钢管与盒体焊接 φ6mm 的圆钢作为跨接地线。

暗敷管与接线盒、分线盒等箱体连接采用焊接。首先根据管子外径，在盒子上选择对应的敲落孔，将管子插入敲落孔内 1～2mm，

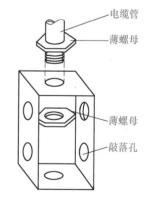

电缆管

薄螺母

薄螺母

敲落孔

图 3-7　钢管和开关盒间用螺母连接

在盒体外面进行焊接，焊接处应补刷油漆防腐。

### （二）采用塑料管进行布管施工

#### 1. 施工的主要步骤

采用塑料管进行暗配线布管施工的主要步骤如图 3-8 所示。

图 3-8　采用塑料管进行暗配线布管施工的主要步骤

#### 2. 硬塑料管的套螺纹方法

硬塑料管套螺纹与薄壁钢管套螺纹一样，操作比较简单，只要把板牙架放正，平稳地向里推进，就可以套出所需的螺纹来。

#### 3. 硬塑料管弯曲方法

硬塑料管弯曲，可采用热弯法。弯曲时，可将塑料管放在电烘箱内加热，也可放在电炉上加热，边烘边转，均匀加热，待至柔软状态时，把管子放在胎具内弯曲成型，如图 3-9 所示。为加速弯头恢复硬化，可浇水冷却。管径在 50mm 以上的硬塑料管，为防止弯曲后出现粗细不匀或弯瘪现象，可先在管内填充沙子，两端用木塞堵住。用上述方法进行局部加热，加热时，管子应慢慢地转动，使管子在胎具内弯曲成型，待冷却后倒出沙子。

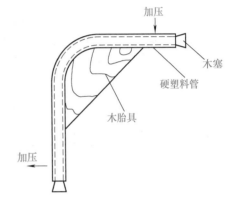

图 3-9　硬塑料管弯曲

上述硬塑料管主要是指聚氯乙烯塑料管。这种管材的抗冲击和抗压能力很低，在气温低于 5℃ 时，容易发脆，难以施工。为了弥补上述缺陷，常采用 PVC 塑料管来代替，这种管具有良好的韧性，施工时如压扁，可自动恢复；在温度较低时也可使用；弯曲时，在管内套入一根专用的弹簧，用手工弯制，弯曲后倒出弹簧即可，管子需要断开时，可用专用剪刀剪切。

#### 4. 硬塑料管的连接方法

（1）烘热直接插接法

烘热直接插接法适用于 $\phi50mm$ 及以下的硬聚四氟乙烯管。具体操作步骤是将管口倒角（外管倒内角、内管倒外角），可用木锉进行倒角加工，如图 3-10a 所示。将内、外管插接段的污垢擦净（可用二氯乙烯、苯等溶剂）；将外管接管处（接管处长度为管径的 1.2~1.5 倍）用喷灯或电炉、电吹风、炭火炉加热（也可浸入温度为 130℃ 左右的热甘油或石蜡中），使其软化；在内管插入段涂上胶合剂（如聚乙烯胶合剂）后，迅速插入外管；待内外管中心线一致时，即用湿布冷却，外管变硬后就能接续牢固，如图 3-10b 所示。

对于埋设于混凝土内的硬塑料管，接头处不需要上胶合剂，直接插入外管即可。

（2）利用模具胀管插接

利用模具胀开管端进行插接，这种方法适用于 $\phi65mm$ 及以上的硬聚氯乙烯管。具体操

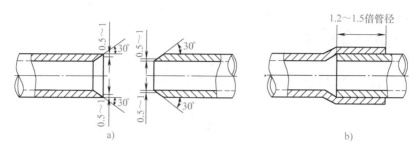

图 3-10 塑料管插管

a) 插接加工尺寸 b) 插接尺寸

作步骤：外管倒内角、除垢，加热方法同上；待塑料管软化后，将已被加热的金属模具（或用光滑木模）插入（模具外径需比硬塑料管外径大 2.5% 左右）进行扩管，当塑料管冷却至快要变硬时，抽出模具。在内管、外管插接面涂上胶合剂，并将内管插入已扩径外管中。如插入困难，应加热插接段，使其软化后进行，然后急速冷却（可浇冷水），收缩变硬后即可，或再用聚氯乙烯焊条在接合处焊 2~3 圈，以保证密封，如图 3-11 所示。

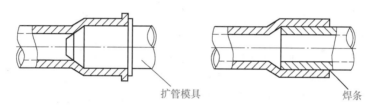

图 3-11 塑料焊条密封

（3）用套管套接

截一小段与需套接的塑料管直径相同的硬塑料管，扩大成套管，扩大时应加热。考虑到冷却时的收缩量，扩大直径应略大一些。然后把需要接合的两管端部用汽油或酒精擦干净，待汽油挥发后，涂上黏接剂，迅速插入管中；也可用上述焊接方法予以焊牢密封，如图 3-12 所示。

**5. 半硬塑料管的连接方法**

半硬塑料管与钢管或硬塑料管连接时，可先用与钢管或硬塑料管管径相同的半硬塑料管，将连接处处理干净、抹上黏接剂，把半硬塑料管用电吹风烘软（约80℃）时，套在上面，套入深度为管径的 1.5 倍。

半硬塑料管之间的连接，可采用套接法：取长度约为被接塑料管直径的 2~3 倍的同直径硬塑料短管，对短管进行两端外倒角加工，在短管外表面抹上黏接剂，将半硬塑料管接续端用电吹风烘热（约80℃），套在短管上即可，要使对缝处于短套管的中间位置，如图 3-13 所示。

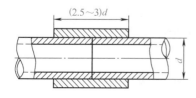

图 3-12 套接法接管示意图

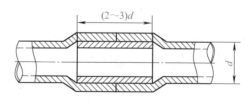

图 3-13 半硬塑料管连接示意图

#### 6. 塑料波纹管的连接方法

塑料波纹管与钢管或硬塑料管间的连接，主要采用螺母接头。这种螺母接头一端固定在塑料波纹管上，另一端套在钢管或硬塑料管上，当旋转螺母时，钢管或硬塑料管被夹紧固定在管子上，使其连接在一起。

塑料波纹管之间的连接是取同样直径的塑料波纹管，长度为管径的 2~3 倍作为套接管，将套接管沿纵向割开一道缝，使手能扒开割缝，把需要接续的两头对齐，将套接管用手扒开套在接头处外侧，使对缝处在套接管中央。

为了防止水及杂物渗入管内，在套接管外面用塑料自粘绝缘胶带包缠 3 层。

#### 7. 塑料管与箱体的连接方法

塑料管与接线盒、设备箱体等的连接，有粘接、卡接和绑接等多种形式，常见的有粘接和卡接两种。

（1）粘接

塑料管暗敷时，所采用的各种盒体也应该是塑料件。对于塑料盒体，一种为带敲落孔式的，另一种为盒体外带连接短管的。对于粘接施工，后者效果较好。粘接时表面应清理干净，粘接后有 10min 左右的凝固时间，这时应注意养护。管子应和箱体配套。粘接时，管子插入盒体的部分一般为 2~3mm。

（2）卡接

粘接施工比较麻烦，施工效率较低，有时还会影响土建进度。卡接是采用一种钢制弹簧卡，将塑料管卡在各管段和箱体上，施工操作方法如图 3-14 所示。

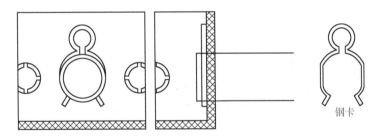

钢卡

图 3-14  塑料电缆管与接线盒卡接法

这种方法适用于硬塑料管和半硬塑料管，但更适宜于波纹塑料管，可以将钢制弹簧卡直接卡入波纹槽里，免去了切口工序。采用这种方法必要时可以在盒体内外各卡一个钢制弹簧卡。卡槽不要切锯太深，以稍稍切破管内壁为宜。如果切口太深，钢卡卡入管内部分太多，容易影响穿线。

#### （三）管内穿线施工

#### 1. 施工的主要步骤

管内穿线施工的主要步骤如图 3-15 所示。

图 3-15  管内穿线施工的主要步骤

## 2. 清扫管路的方法

在配管完成后，就可以进行穿线了。为了不伤及导线，在穿线前，应先清扫管路。方法是用压力约为 0.25MPa 的压缩空气，吹入敷设好的管中，以便除去残留的灰土和水分。如无压缩空气，则可在钢丝上，将布条绑成拖把状，来回拉数次，将管内杂物和水分擦净。管路清扫后，随即向管内吹入滑石粉，以便穿线。将管子端部安上塑料管帽或橡胶护线套，再进行穿线。管帽和护线套作用相同，可以防止穿线过程或运行时，因振动造成电线被管口割伤。过路箱管口的护套应在穿引线钢丝时或做引线接头时套入，护圈规格要与管径相配套，套在管口上要卡紧。

## 3. 穿线的方法

管内穿线一般在管道敷设结束后进行，顺序大致如下：穿引线钢丝（或铁丝）、放线、做拉线头（牵引电缆网套）、穿线、剪断导线。穿线应从分路的终端向接线箱方向进行，也即先分路后总线。管口护圈可根据不同的穿线方式，以相应步骤套入。

（1）穿引线

导线穿入管中，一般用钢丝引入。当管路较短弯头较少时，可把钢引线由管子一端送向另一端，再从另一端将导线绑扎在钢引线上，牵引导线入管。如果管路较长，仅从一端打通管路穿入钢引线有困难时，可由管的两端同时穿入钢引线，引线端部弯成小钩，当钢引线在管中相遇时，用于绞动其中一根钢引线，使其转动，使两根钢线钩在一起，这样就可以用钢引线将导线拉入管中。两端穿入钢引线如图 3-16 所示。

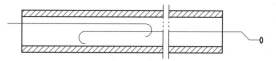

图 3-16 两端穿引线示意图

（2）拉线

钢引线穿入管后，其中一头需与所穿的电线结扎在一起，即需做一个拉线头。所制作的拉线头要符合以下要求：柔软（在管路拐弯处容易通过）；光滑（可减少阻力）；直径小（避免卡住）；结扎可靠（防止松散及脱线）。在所穿导线为细芯电缆线时，可用软铜丝编制电缆网套对电缆进行牵引。对电缆根数较多、线芯较粗的几根电线穿管时，可以将电线分段结扎。

电线电缆在穿放过程中，为了防止导线扭弯，损坏线芯，导线应放在放线架上。放线架可以现场自制，如图 3-17 所示。

拉线头做好后即可拉线。拉线最少要两人配合操作，一人拉，一人送，最好再请一个人配合放线，可防止电线紊乱或产生曲结小弯和相互缠绕。当电线较细时，送线人可一只手五指分开，让电线从手指缝通过，以使电线入管时不乱。另一只手握住全部电线或电缆向管口送线（握电缆的手在前，近管口，分电线的手在后，前后不能搞错）。拉线要与送线相配合，送线的人喊拉，拉线的人就拉一下。送的人要顺势送，不要硬送。电线必须笔直送入或拉出管口，以防管口磨伤或割伤电线。如果钢管较长，弯头又较多，可在电线的拉线头上加些滑石粉。

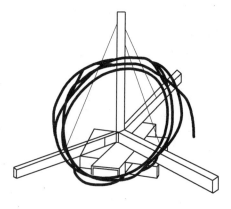

图 3-17 放线架

#### 4．固定的方法

在垂直管路中，为减少管内导线的下垂力，保证导线不因自重而折断，应在下列情况下装设接线盒：线芯为 $1.5\text{mm}^2$ 以下的多芯电缆，管路长度大于 15m；控制电缆和其他截面积（铜芯）在 $1.5\text{mm}^2$ 以下的绝缘线，管路长度超过 20m 时。导线应在接线盒内固定一次，以减缓导线的自重拉力。导线在接线盒内固定的方法如图 3-18 所示。

电线穿好后在剪除多余电线时，要留出适当长度，以便接线和今后维修。接线盒内的留线以绕盒内一圈为宜；控制箱内留线以绕箱体半圈为宜。

#### 5．标记的方法

由于管内所穿电线电缆的回路不同，在选择导线颜色时应加以区别；对于用颜色难以区别的，穿线后可在电线表面临时用不同颜色的塑料胶带加以区别，以便导线与设备准确连接。临时标记可不分线芯，但电缆两端的标记应一致。

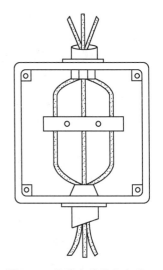

图 3-18　导线在接线盒内的固定方法

## 六、问题探究

### （一）消防报警及联动控制系统暗配线方式布管的要求

1）为了便于穿线，配管前应保证导线和电缆的总截面积不超过管内空心部分截面积的 40%，并复查设计管径是否能满足这一要求。

2）暗配的电线管宜沿最近的路线敷设，并应减少弯曲；埋入墙或混凝土内的管子离表面净距不小于 15mm。

3）当电线管需要弯曲敷设时，其转角角度必须大于 90°。每条暗线管严禁有 3 个以上的转角，且不得有"S"弯。在弯曲处不能有皱折和坑瘪，以免磨损电缆。

4）进入落地式控制箱的管路，排列应整齐，管口高出基础面长度不应小于 50mm。

5）埋于地下的电线管不宜穿过设备基础，在穿过建筑物基础时，应加保护管保护。

6）电线管路的弯曲处，弯扁程度不应大于管外径的 10%，弯曲半径应不小于管外径的 6 倍；埋设于地下或混凝土楼板内时，不应小于管外径的 10 倍。

7）在电线管超过下列长度时，中间应加装接线盒或拉线盒，其位置应便于穿线：管子长度每超过 45m，无弯曲时；管子长度每超过 30m，有 1 个弯时；管子长度每超过 20m，有两个弯时；管子长度每超过 12m，有 3 个弯时。在垂直敷设时，装设接线盒或拉线盒的距离为 15m 左右。

8）配塑料管时的环境温度不应低于 -15℃。配塑料管用的接线盒、灯头盒、开关盒等，均宜使用配套的塑料制品。

9）塑料管在进入接线盒、灯头盒、开关盒或设备箱内时，应加以固定。

10）塑料管在砖墙内剔槽敷设时，必须用水泥砂浆抹面保护，厚度不应小于 15mm。

11）钢管不应有折扁和裂缝，管内无铁屑及毛刺，切断口应锉平，管口应刮光。

12）钢管内、外均应刷防腐漆，埋入混凝土内的管外壁除外；埋入土层内的钢管，应刷两道沥青漆或使用镀锌钢管；埋入有腐蚀性土层内的钢管，应按设计规定进行防腐处理；

使用镀锌钢管时，在锌层剥落处，也应刷防腐漆。

13）钢管的连接应符合下列要求：螺纹连接，管端套螺纹长度不应小于管接头长度的 1/2；在管接头两端应焊接跨接地线；套管连接宜用于暗配管，套管长度为连接管外径的 1.5~3 倍；连接管的对缝处应在套管中心，焊口应焊接牢固、严密；薄壁钢管的连接必须用螺纹连接。

14）钢管进入灯头盒、开关盒、接线盒及配电箱时，暗配管可用焊接方式固定，管口露出盒（箱）长度应小于 5mm。

15）钢管与设备连接时，应将钢管敷设到设备内；如不能直接进入，应符合下列要求：在干燥房屋内，可在钢管出口处加保护软管引入设备，管口应包扎严密；在室外或潮湿房屋内，可在管口处装设防水弯头，由防水弯头引出的导线应套绝缘保护软管，经弯成防水弧度弯后再引入设备；管口距地面高度一般不宜低于 200mm。

16）金属软管引入设备时，应符合下列要求：软管与钢管或设备连接应用软管接头；软管应用管卡固定，其固定点间距不应大于 1m；不得利用金属软管作为接地导体。

**（二）暗敷管施工的注意事项**

暗敷管必须在土建施工的同时预埋好，这是一项时间性很强、很重要的工作。预埋工作做得好，不仅可避免以后不必要的钻凿挖补，而且可以避免破坏土建产品。一般来说，土建结构中的混凝土墙、柱、梁等承重物件，在浇捣好后，是不允许较大面积的钻凿破坏的。特别是地下室混凝土结构的墙和顶还涉及渗水防漏的问题，更不允许破坏。又比如需预埋在混凝土楼板和梁中的暗敷管，如果不在浇捣的同时预埋，浇捣好后要凿槽、打洞、埋管就很困难，而且还会影响楼板和梁的强度。所以，穿过梁的暗管若漏埋，通常只能改作明管敷设。这就会影响美观。

暗敷管的施工顺序必须按土建施工顺序来进行，否则容易出现漏配现象。

钢管或塑料管浇铸在混凝土内，应加以临时固定。可以用铁丝将管子绑扎在钢筋上，也可以用钉子钉在木模板上进行固定，同时将管子用垫块垫起，垫块可以是木块或石块，垫高 15mm 以上。管子配在砖墙内，一般在土建砌砖时预埋；否则，应先在砖墙上留槽或开槽。线管在砖槽内的固定，可先在砖缝里打入木楔，再在木楔上钉钉子，使管子充分嵌入槽内。

在地坪内暗配时，需在土建浇制混凝土前埋设，固定方法可用木桩或圆钢等打入地中，用铁丝将管子绑牢。为使管子埋设在地坪混凝土层内，应将管子垫高，离土层面 15~20mm，这样可减少地下湿土对管子的腐蚀作用。

采用塑料管暗敷时，要进行精心养护，可以先用水泥砂浆在管子表面抹上 10mm 左右的保护层，再浇制混凝土。在地面上敷设时，一般不用半硬塑料管。

**（三）装设补偿盒的原因及装设方法**

当管子经过建筑物伸缩缝时，为防止基础沉降不匀或热胀冷缩，损坏暗配管和导线，需在伸缩缝的旁边装设补偿盒。暗配管补偿盒安装方法是在伸缩缝的一边，按管子的直径大小和数量的多少适当地安装一只或两只接线盒，在接线盒的侧面开一长形孔，将管子一端穿入长孔中，无需固定，而另一端用管纳子与接线盒拧紧固定，如图 3-19 所示。

配管预计到管路长、弯头多、通入钢线有困难时，应在配管时预先在管内穿好一根钢线，以便穿线时使用。

为避免管中积水，管子在水平暗配时，中间应略为垫高，使其两边稍有倾斜，以便排泄

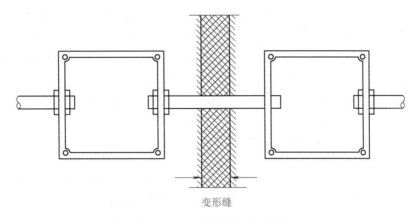

图 3-19 经过伸缩补偿装置

水流。同时，为防止各种杂物进入管中，配好管后，凡向上的管口应及时用木塞堵住，对于接线盒、设备箱等应用牛皮纸团堵塞严密。

**(四) 吊顶内的暗敷管施工**

现代建筑中，对民用工程一般要进行装修，有的工业厂房还设有吊顶。经常需要把电缆电线敷设在吊顶上面，消防报警及联动系统信号传输电缆就是其中之一。在吊顶内配管应遵照下列施工顺序：

1) 确定位置，包括探测器、报警器、显示器件、接线盒和管子上下进出位置。

2) 测量敷设管线路长度。

3) 弯管、套螺纹和防腐加工。

4) 根据吊顶结构，确定配管方式。

5) 研究过梁、沿柱等配管对吊顶标高的影响处理方案。

吊顶内的管子应和其他暗敷管一样，走最近直线线路，并尽可能减少弯管。在配管时应注意与装修施工配合，管子应固定在吊顶的主龙骨上，严禁固定在次龙骨上。主龙骨有轻钢龙骨和木龙骨两种。对于轻钢龙骨吊顶，可以采用齿形卡将管子卡在龙骨上，如图 3-20 所示。严禁将管子定位焊在龙骨上。对于木龙骨吊顶，管子可以采用铁制马鞍卡，用木螺钉固定在上面。

在吊顶内配管，一般吊顶上面空间很小，配管与穿线工作必须在上吊顶面板之前完成。

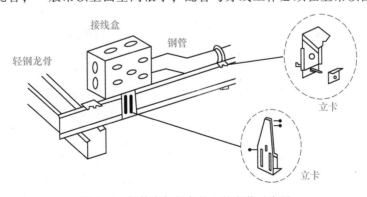

图 3-20 钢管在轻钢龙骨上的安装示意图

当吊顶主龙骨安装完毕，开始配管；管子敷设完毕，安装次龙骨；次龙骨安装完毕开始穿线；穿线完毕后，方可安装吊顶面板。安装时，一定要进行配合面板开孔，将电线电缆加套软塑料管后引出。为了保证在吊顶上安装的火灾探测器、音响等基本成排成行，相互对称，不影响建筑装饰效果，就必须要保证吊顶内的接线盒位置准确。为了做到这一点，常常在暗敷管与接线盒连接处采用金属或阻燃型塑料波纹管过渡，做 1~1.5m 的软管连接。施工时应注意波纹管的接地跨接。

钢管暗配时，在钢管各连接处，均应保证电气上的可靠性，应注意必要的接地跨接。

**（五）预埋与预留过程中应注意的问题**

预埋、预留又分土建工人施工过程中的预埋、预留和安装电工预埋、预留两种，具体分工按建筑施工图进行。一些有规则的混凝土墙、柱、梁、楼板及地坪上的电气预埋件，设计单位有可能在土建施工图上标出来，具体由土建工人预埋，如梁、柱、墙、楼板上敷设的主要电缆桥架吊架、支架（土建预埋吊杆钢筋头和预埋小块钢板），以及柱上装设火灾报警设备（如控制箱、报警按钮等）所需的预埋、预留件。但需要注意的是土建工人往往不了解这些预埋件的作用，不一定会按电气要求预埋，故需安装电工按施工图样认真核对，避免错位或遗漏；如果发生错位，应及时设法补救。如果土建图上没有标注，由安装电工预埋。

预埋支架、吊架、型钢和钢板等，应按安装的火警设备、材料的重量和外形尺寸来决定。有关支架的制作还应参考有关标准图册。

预留是预埋施工的另一种形式。例如，一些暗敷的控制箱、按钮和报警器等，如果在土建施工中随即埋入，往往会弄脏、弄坏，特别是一些精密的电子设备很容易损坏。先拆除电路板预埋好箱体后再装入电子电路板会比较麻烦。故在土建施工中可先将一个牢固木框埋入，待以后安装设备时，再把木框取出（即使损坏也不要紧），把有关设备装入这些预留出的孔洞中。另外，预埋在梁中引上引下的钢管，要与埋设在预制楼板中的钢管相连接时，往往管口不易对准，此时如果预先埋入一根毛竹或管径大一些的钢管，预留出一个孔洞，以后再在这孔洞中穿入导线保护钢管，钢管可以自由转动，对后期施工就十分方便了。

**（六）管内穿线的具体要求**

1）穿在管内绝缘导线的额定电压不应低于 500V。

2）管内穿线宜在建筑物的抹灰、装修及地面工程结束后进行。在穿入导线之前，应将管中的积水及杂物清除干净。

3）不同系统、不同电压、不同电流类别的线路不应穿于同一根管内或线槽的同一孔槽内。

4）横向敷设的报警系统传输线路采用穿管布线时，不同防火分区的线路不宜穿入同一根管内。

5）导线在管内不得有接头或扭结，其接头应在接线盒内连接。

6）管内导线的总截面积（包括外护层）不应超过管内空间截面积的 40%。

7）消防报警系统的传输线路宜选择不同颜色的绝缘导线，同一工程中相同线别的绝缘导线颜色应一致，接线端子应有标号。

8）布线使用的非金属管材、线槽及其附件应采用不燃或非延燃性材料制成。

9）导线穿入钢管后，在导线出口处，应装护线套保护导线；在不进入盒（箱）内的垂直管口，穿导线后，应将管口作密封处理。

## 七、知识拓展与链接

在消防报警及联动系统管道施工中使用的线管主要有钢管和塑料管两大类,其规格型号介绍如下:

### 1. 钢管

钢管有厚、薄壁两种,管壁厚度在 2mm 以下的称为薄壁钢管,其规格以外径大小表示,见表 3-3。管壁厚度在 2mm 以上时,称为厚壁钢管,以内径大小划分规格,见表 3-4。

表 3-3 薄壁钢管

| 公称口径 | | 外径/mm | 壁厚/mm | 重量/(kg/m) |
|---|---|---|---|---|
| mm | in | | | |
| 13 | 1/2 | 12.7 | 1.24 | 0.34 |
| 16 | 5/8 | 15.87 | 1.6 | 0.43 |
| 20 | 3/4 | 19.05 | 1.6 | 0.53 |
| 25 | 1 | 25.4 | 1.6 | 0.72 |
| 32 | $1\frac{1}{4}$ | 31.75 | 1.6 | 0.90 |
| 38 | $1\frac{1}{2}$ | 38.1 | 1.6 | 1.13 |
| 50 | 2 | 50.8 | 1.6 | 1.47 |

表 3-4 厚壁钢管

| 公称口径 | | 内径/mm | 普通管 | | 加厚管 | |
|---|---|---|---|---|---|---|
| mm | in | | 壁厚/mm | 理论重量/(kg/m) | 壁厚/mm | 理论重量/(kg/m) |
| 6 | 1/8 | 10.00 | 2 | 0.39 | 2.5 | 0.46 |
| 8 | 1/4 | 13.50 | 2.25 | 0.62 | 2.75 | 0.73 |
| 10 | 3/8 | 17.00 | 2.25 | 0.82 | 2.75 | 0.97 |
| 15 | 1/2 | 21.25 | 2.75 | 1.25 | 3.25 | 1.44 |
| 20 | 3/4 | 26.75 | 2.75 | 1.63 | 3.5 | 2.01 |
| 25 | 1 | 33.50 | 3.25 | 2.42 | 4 | 2.91 |
| 32 | $1\frac{1}{4}$ | 42.25 | 3.25 | 3.13 | 4 | 3.77 |
| 40 | $1\frac{1}{2}$ | 48.00 | 3.5 | 3.84 | 4.25 | 4.58 |
| 50 | 2 | 60.00 | 3.5 | 4.88 | 4.5 | 6.16 |
| 70 | $2\frac{1}{2}$ | 75.50 | 3.75 | 6.64 | 4.5 | 7.88 |
| 80 | 3 | 88.50 | 4 | 8.34 | 4.75 | 9.81 |
| 100 | 4 | 114.00 | 4 | 10.85 | 5 | 13.44 |
| 125 | 5 | 140.00 | 4.5 | 15.04 | 5.5 | 18.24 |
| 150 | 6 | 165.00 | 4.5 | 17.81 | 5.5 | 21.63 |

在房屋建筑墙体内的暗管，一般采用薄壁管或半硬塑料管；在易受重压的地面采用厚壁钢管；在易受电磁干扰的场合，应采用钢管敷设，并做好接地。

**2. 塑料管**

塑料管一般为PVC塑料电线管、半硬聚氯乙烯塑料管和波纹塑料管。PVC塑料电线管是一种以塑代钢的新型材料。它主要可敷设在建筑物墙体内、地面内，具有一定的韧性和硬度，压瘪后能迅速自动恢复原形。半硬塑料管和波纹塑料管一般敷设在建筑物的墙体内、木地板下和吊顶内。塑料管价格便宜、重量轻、施工简单，在消防报警及联动系统工程中得到了广泛应用。

**注意：应用于消防报警及联动系统工程中的塑料暗配管应具备阻燃（自熄）功能。**

PVC电线管直径及长度见表3-5。塑制半硬电线管尺寸见表3-6。塑料波纹管的规格参数见表3-7。

表3-5　PVC电线管直径及长度

| 型号与规格 | 外径/mm | 内径/mm | 管壁厚/mm | 每根长度/m | 备　　注 |
|---|---|---|---|---|---|
| PVC-016 | 16 | 12.4 | 1.8 | 4 | 安装采用扩口承插胶粘的连接方法，并有接线盒、灯头箱、入盒接头、弯头末节、胶粘剂配套 |
| PVC-019 | 19 | 15 | 2.0 | | |
| PVC-025 | 25 | 20.6 | 2.2 | | |
| PVC-032 | 32 | 27 | 2.5 | | |
| PVC-040 | 40 | 34 | 3.0 | | |
| PVC-050 | 50 | 43.5 | 3.2 | | |

表3-6　塑制半硬电线管尺寸

| 公称口径 | | 外径/mm | 壁厚/mm | 内径/mm | 内孔面积/mm² | 内孔面积/mm² | | |
|---|---|---|---|---|---|---|---|---|
| mm | in | | | | | 33% | 27.5% | 22% |
| 12 | 1/2 | 13 | 2.0 | 9 | 64 | 21 | 13 | 14 |
| 15 | 5/8 | 16 | 2.0 | 12 | 113 | 37 | 31 | 25 |
| 20 | 3/4 | 20 | 2.0 | 16 | 201 | 66 | 55 | 44 |
| 25 | 1 | 24 | 2.0 | 20 | 314 | 104 | 86 | 69 |
| 32 | 1 1/4 | 32 | 2.5 | 27 | 573 | 189 | 157 | 126 |

表3-7　塑料波纹管的规格参数

| 公称口径/mm | 外径/mm | 内径/mm | 生产长度/(m/盘) | 重量/(kg/m) |
|---|---|---|---|---|
| 10 | 13±0.1 | 9.6±0.03 | 100 | 0.040 |
| 12 | 15.8±0.1 | 11.3±0.05 | 100 | 0.050 |
| 15 | 18.7±0.1 | 14.3±0.05 | 100 | 0.060 |
| 20 | 21.2±0.15 | 16.5±0.05 | 50 | 0.070 |
| 25 | 28.5±0.15 | 23.3±0.05 | 50 | 0.105 |
| 32 | 34.5±0.15 | 29.0±0.05 | 25 | 0.120 |
| 40 | 42.5±0.2 | 36.2±0.06 | 25 | 0.164 |
| 50 | 54.5±0.2 | 47.7±0.08 | 25 | 0.240 |

在施工图中各种管子采用代号表示，一般薄壁管以"DG"为代号；厚壁管以"G"为代号；硬塑料管（PVC管）以"VG"为代号；半硬塑料管以"BVG"为代号；塑料波纹管以"WVG"为代号。

## 八、质量评价标准

项目质量考核要求及评分标准见表3-8。

表 3-8　项目质量考核要求及评分标准

| 考核项目 | 考核要求 | 配分 | 评分标准 | 扣分 | 得分 | 备注 |
|---|---|---|---|---|---|---|
| 钢管安装 | 1. 管道定位正确<br>2. 管道的防腐操作规范<br>3. 管道的锯管、弯管操作规范<br>4. 管道之间以及管道和箱体之间连接操作规范 | 30 | 1. 管道定位不准确扣 5 分<br>2. 管道防腐时，错、漏，每处扣 2 分<br>3. 锯管、弯管不到位，每处扣 2 分<br>4. 连接不规范，每处扣 1 分 | | | |
| 塑料管安装 | 1. 管道定位正确<br>2. 管道的锯管、弯管操作规范<br>3. 管道之间以及管道和箱体之间连接操作规范 | 30 | 1. 管道定位不准确扣 5 分<br>2. 锯管、弯管不到位，每处扣 2 分<br>3. 连接不规范，每处扣 1 分 | | | |
| 管内穿线 | 1. 管道清扫规范<br>2. 穿线操作规范<br>3. 固定操作规范<br>4. 标记操作规范 | 40 | 1. 清扫操作错误一步扣 3 分<br>2. 穿线操作错误一步扣 2 分<br>3. 固定操作错误一处扣 2 分<br>4. 标记操作错误一处扣 2 分 | | | |
| 安全生产 | 自觉遵守安全文明生产规程 | | 1. 每违反一项规定，扣 3 分<br>2. 发生安全事故，按 0 分处理 | | | |
| 时间 | 小时 | | 提前正确完成，每 5 分钟加 2 分<br>超过定额时间，每 5 分钟扣 2 分 | | | |
| 开始时间： | | 结束时间： | | 实际时间： | | |

## 九、项目总结与回顾

在施工中有哪些做法是不规范的？这些不规范做法会给施工质量带来什么影响？提供施工质量和确保施工安全的主要措施有哪些？

习　　题

### 1. 填空题

（1）当电线管需要弯曲敷设时，其转角角度必须大于_____。每条暗线管严禁有_____以上的转角，且不得有"S"弯。在弯曲处不能有皱折和坑瘪，以免磨损电缆。

（2）在电线管超过下列长度时，中间应加装接线盒或拉线盒。其位置应便于穿线：管子长度每超过_____，无弯曲时；管子长度每超过_____，有一个弯时；管子长度每超过_____，有两个弯时；管子长度每超过_____，有 3 个弯时。在垂直敷设时，装设接线盒或拉线盒的距离为_____左右。

### 2. 判断题

（1）暗配的电线管宜沿最近的路线敷设，并应减少弯曲；埋入墙或混凝土内的管子离表面净距不小于 15cm。　　　　　　　　　　　　　　　　　　　　（　　）

（2）塑料管在砖墙内剔槽敷设时，必须用水泥砂浆抹面保护，厚度不应小于15mm。

（　　）

（3）不同系统、不同电压、不同电流类别的线路可以穿于同一根管内或线槽的同一孔槽内。

（　　）

### 3. 单选题

（1）为了便于穿线，配管前应保证导线和电缆的总截面积不应超过管内截面积的_____。

  A. 90%    B. 50%    C. 40%    D. 60%

（2）穿在管内绝缘导线的额定电压不应低于_____。

  A. 220V    B. 380V    C. 1000V    D. 500V

### 4. 问答题

（1）暗配线方式的特点是什么？

（2）暗配线的程序是什么？

（3）暗配线方式布管的主要要求是什么？

（4）暗配线方式布管的施工步骤有哪些？

（5）管内穿线施工要求和施工方法是什么？

# 项目四　消防报警及联动控制系统明配线的施工

## 一、学习目标

1. 掌握明配线施工的要求。
2. 掌握明配线施工的方法。

## 二、项目导入

在工业厂房、车间，由于工艺设备和各种管线很多，错综复杂，明敷的电线电缆容易受到机械损伤。为了保证火警信号传输安全可靠，经常采用明配电线管保护方式。该方式在现代工业和民用建筑里普遍采用。

## 三、学习任务

### （一）项目任务
本项目的任务是将房屋顶部的感烟探测器与房间内的火灾报警控制器以明配线方式连接起来。通过完成该任务，掌握明配线的施工要求和施工方法。（注意：只是将管线接入接线盒内，不安装设备）

### （二）任务流程图
本项目的任务流程如图 4-1 所示。

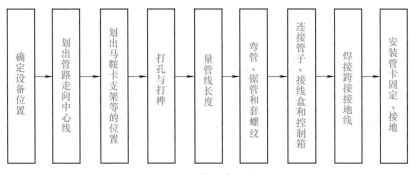

确定设备位置 → 划出管路走向中心线 → 划出马鞍卡支架等的位置 → 打孔与打榫 → 量管线长度 → 弯管、锯管和套螺纹 → 连接管子、接线盒和控制箱 → 焊接跨接接地线 → 安装管卡固定、接地

图 4-1　任务流程图

## 四、实施条件

要完成该项目，首先必须有一个安装施工的场地，并准备相应的材料和工具。

## 五、操作指导

### （一）配管的方法
电线明管的加工与暗管基本相同，在配好的管子（钢管）和支架、吊架等除作防腐处理外，表面还应涂刷工业灰漆。单根线管敷设时，可以直接敷设在墙、顶、梁、柱等上，一般采用马鞍卡固定，马鞍卡采用塑料胀塞固定。走向应垂直或水平，钢管明配线示意图如图4-2所示。

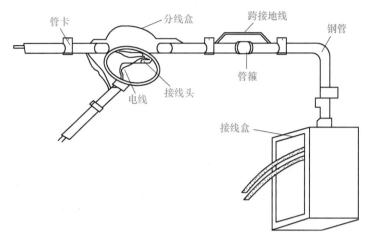

图4-2 钢管明配线示意图

当多根管水平或垂直敷设时，经常采用支架加以固定，成排敷设如图4-3所示。

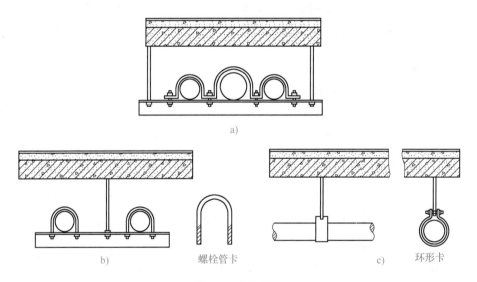

图4-3 成排敷设

**（二）防爆管线敷设方法**

防爆管线敷设的要求要高一些，除需用厚壁管外，连接处也有特殊要求，需要注意以下几点：

1）管间及管与接线盒、按钮盒、设备之间必须用螺纹连接，螺纹处必须用铅油麻丝或聚四氟乙烯带缠绕后旋紧，保证密封可靠。麻丝及聚四氟乙烯带的缠绕方向必须顺螺纹牙型转向，以防松散。

2）全部火灾报警部件金属外壳都要保证接地可靠。低压流体输送钢管（水煤气管）之间以及附件间必须另外用圆钢焊接跨接地线,以保证良好的接地状态。

3) 由非防爆场所到防爆场所的所有进出管线,都必须严格密封,防止爆炸性气体外逸时,引起爆炸。

4) 若遇转弯处施工困难,也可采用符合防爆等级的挠性连接软管。

**(三) 补偿器安装方法**

明配管经过建筑物伸缩缝时,为防止基础下沉不均或管子的热胀冷缩而损坏管子和导线,需在伸缩缝的旁边装设补偿软管。安装时,将软管套在线管端部,使金属软管略有弧度,以便基础下沉时,借助软管的弹性而伸缩,如图4-4所示。

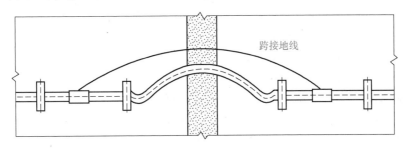

图 4-4 伸缩缝补偿装置

硬聚氯乙烯塑料管的热膨胀系数要比钢管大 5~7 倍,所以管子敷设时要考虑热膨胀问题。一般在管路直线部分每隔30m要加装一个补偿装置,如图4-5所示。

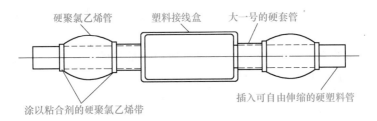

图 4-5 塑料管伸缩补偿装置

**(四) 明管的其他固定方法**

1) 塑料电线管可采用开口管卡固定的方法,管卡固定可采用粘接或塑料胀塞固定,如图4-6所示。

2) 当电线管在钢结构建筑上明敷时,可采用多用抱式管卡,如图4-7所示。

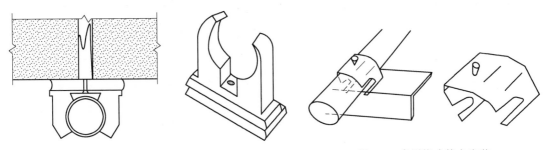

图 4-6 用开口管卡配管          图 4-7 多用抱式管卡安装

明配电线管固定的方法很多，施工中应选择简单、方便、牢固的卡接件。塑料管及其配件应采用阻燃型材料。

## 六、问题探究

### （一）明配管施工的要求

1）电线管路的弯曲处，不应有折皱、凹穴或裂缝等，弯扁程度不应大于管外径的10%，弯曲半径不应小于管外径的6倍；如果只有1个弯时，可不小于外径的4倍。

2）在电线管路超过下列长度时：

① 管子长度每超过45m，无弯曲。

② 管子长度每超过30m，有1个弯。

③ 管子长度每超过20m，有2个弯。

④ 管子长度每超过12m，有3个弯。

中间应加装接线盒或拉线盒，其位置应便于穿线。

3）明配于潮湿场所和埋于地下的钢管，均应使用厚壁钢管；明配于干燥场所的钢管，可使用薄壁钢管。

4）钢管内、外均应刷防腐漆，表面再刷灰色漆（或按设计指定颜色）。敷设于有腐蚀性气体的场所的钢管，应按设计规定进行必要的防腐处理。使用镀锌管时，在锌层剥落处，也应刷防腐漆。

5）明配管的连接，应采用螺纹连接，连接处应做接地跨接。

6）明配管应排列整齐，固定点的距离应均匀；管卡与终端、转弯中点、弱电设备或接线盒边缘的距离为150~500mm。

7）钢管进入接线盒、按钮盒和控制箱时，应用锁紧螺母（管纳子）或护圈帽固定，露出锁紧螺母的螺纹为2~4扣。

8）明配硬塑料管在穿过楼板易受机械损伤的地方时应用钢管保护。其保护高度距楼板面不应低于500mm。

### （二）明配管与其他管线间的最小距离

在工业厂房中，各种介质的工业管道纵横交错，明配管应与其他管道间保持一定距离，以保证火警信号长期安全地传输。其最小距离见表4-1。火警信号传输线与电力线或照明线平行明敷时，其净距不小于150mm，交叉净距不小于50mm。

表4-1 配线与管道间最小距离

| 管道名称 | 配线方式<br>最小距离/mm | 穿管配线 | 绝缘导线明配线 | 裸导线配线 |
|---|---|---|---|---|
| 蒸汽管 | 平行 | 1000(500) | 1000(500) | 1500 |
| | 交叉 | 300 | 300 | 1500 |
| 暖、热水管 | 平行 | 300(200) | 300(200) | 1500 |
| | 交叉 | 100 | 100 | 1500 |

（续）

| 最小距离/mm 配线方式 管道名称 | | 穿管配线 | 绝缘导线明配线 | 裸导线配线 |
|---|---|---|---|---|
| 通风、上下水、压缩空气管 | 平行 | 100 | 200 | 1500 |
| | 交叉 | 50 | 100 | 1500 |

注：1. 表中有括号者为在管道下边的数据。

2. 在达不到表中距离时，应采用下列措施：蒸汽管——在管外包隔热层后，上下平行净距可减至200mm。交叉距离需考虑便于维修，但管线周围温度应经常在35℃以下；暖、热水管——包隔热层；裸导线——在裸导线处加装保护网。

3. 裸导线应敷设在管道上面。

## 七、知识拓展与链接

### （一）导线连接器应用技术

该技术适用于消防报警与联动控制系统工程导线的连接。通过螺纹、弹簧片以及螺旋钢丝等机械方式，对导线施加稳定可靠的接触力，且能确保导线连接所必需的电气连续、机械强度、保护措施以及检测维护的基本要求。导线连接器按结构分为螺纹型连接器、无螺纹型连接器（包括通用型和推线式两种结构）和扭接式连接器，其工艺特点见表4-2。

表 4-2 导线连接器工艺特点说明

| 连接器类型 比较项目 | 无螺纹型 | | 扭接式 | 螺纹型 |
|---|---|---|---|---|
| | 通用型 | 推线式 | | |
| 连接原理图例 | | | | |
| 制造标准代号 | GB/T 13140.3—2008 | | GB/T 13140.5—2008 | GB/T 13140.2—2008 |
| 连接硬导线(实心或绞合) | 适用 | | 适用 | 适用 |
| 连接未经处理的软导线 | 适用 | 不适用 | 适用 | 适用 |
| 连接焊锡处理的软导线 | 适用 | 适用 | 适用 | 不适用 |
| 连接器是否参与导电 | 参与 | | 不参与 | 参与/不参与 |
| IP 防护等级 | IP20 | | IP20 或 IP55 | IP20 |
| 安装工具 | 徒手或使用辅助工具 | | 徒手或使用辅助工具 | 普通螺钉旋具 |
| 是否重复使用 | 是 | | 是 | 是 |

（1）导线连接器的主要特点

1）安全可靠。长期实践证明此工艺具有很高的安全性与可靠性。

2）高效。由于不借助特殊工具、可完全徒手操作，使安装过程快捷，平均每个电气连接耗时仅10s，时间为传统焊锡工艺的1/30，节省人工和安装费用。

3）可完全代替传统锡焊工艺。不再使用焊锡、焊料、加热设备，消除了虚焊与假焊，导线绝缘层不再受焊接高温影响，避免了高举熔融焊锡操作的危险，接点质量一致性好，消除了焊接烟气造成的工作场所环境污染。

（2）导线连接器的施工方法

1）根据被连接导线的截面积、导线根数、软硬程度，选择正确的导线连接器型号。

2）根据连接器型号所要求的剥线长度，剥除导线绝缘层。

3）按如图 4-8 所示方法，安装或拆卸无螺纹型导线连接器。

4）按如图 4-9 所示方法，安装或拆卸扭接式导线连接器。

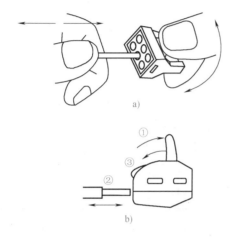

图 4-8 无螺纹型导线连接器安装或拆卸示意图
a）推线式连接器 b）通用型连接器

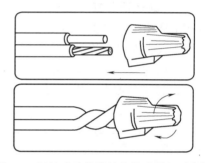

图 4-9 扭接式连接器的安装或拆卸示意图

### （二）可弯曲金属导管安装技术

可弯曲金属导管内层为热固性粉末涂料，粉末通过静电喷涂，均匀吸附在钢带上，经 200℃ 高温加热液化再固化，形成质密又稳定的涂层，涂层自身具有绝缘、防腐、阻燃、耐磨损等特性，厚度为 0.03mm。可弯曲金属导管是我国建筑材料行业较为理想的新一代电线电缆外保护材料，已被编入设计、施工与验收规范，大量应用于建筑电气工程的强电、弱电、消防系统的明敷和暗敷场所。

（1）可弯曲金属导管的技术特点

1）可弯曲度好。优质钢带绕制而成，用手即可弯曲定型，减少机械操作工艺。

2）耐腐蚀性强。材质为热镀锌钢带，内壁喷附树脂层，双重防腐。

3）使用方便。裁剪、敷设快捷高效，可任意连接，管口及管材内壁平整光滑，无毛刺。

4）内层绝缘。采用热固性粉末涂料，与钢带结合牢固且内壁绝缘。

5）搬运方便。圆盘状包装，质量为同米数传统管材的 1/3，搬运方便。

6）机械性能。双扣螺旋结构，异形截面，抗压、抗拉伸性能达到《电缆管理用导管系统第 1 部分：通用要求》（GB/T 2004 1.1—2015）中导管系统的分类代码 4 重型标准。

（2）可弯曲金属导管的施工工艺

可弯曲金属导管基本型采用双扣螺旋结构、内层静电喷涂技术，防水型和阻燃型在基本型的基础上包覆防水、阻燃护套。使用时徒手施以适当的力即可将可弯曲金属导管弯曲到所需要的程度，连接附件使用简单工具即可将导管等可靠连接。

1）明配的可弯曲金属导管固定点间距应均匀，管卡与设备、器具、弯头中点、管端等边缘的距离应小于 0.3m。

2）暗配的可弯曲金属导管，应敷设在两层钢筋之间，并与钢筋绑扎牢固。管子绑扎点间距不宜大于 0.5m，绑扎点与盒（箱）的距离不应大于 0.3m。

## 八、质量评价标准

项目质量考核要求及评分标准见表 4-3。

表 4-3　项目质量考核要求及评分标准

| 考核项目 | 考 核 要 求 | 配分 | 评 分 标 准 | 扣分 | 得分 | 备注 |
|---|---|---|---|---|---|---|
| 安装过程 | 1. 能正确绘制管路走向的中心线<br>2. 能正确确定管卡、支架的位置<br>3. 打孔和打榫操作正确<br>4. 管道的锯管、弯管操作规范<br>5. 管道之间以及管道和箱体之间连接操作规范<br>6. 接地操作规范并能满足要求 | 100 | 1. 管道走向绘制不准确扣 10 分<br>2. 管卡、支架定位不准确，每处扣 3 分<br>3. 打孔和打榫操作不正确，每处扣 3 分<br>4. 锯管、弯管不到位，每处扣 5 分<br>5. 连接不规范，每处扣 3 分<br><br>6. 接地操作不规范或不能满足要求扣 10 分 | | | |
| 安全生产 | 自觉遵守安全文明生产规程 | | 1. 每违反一项规定，扣 3 分<br>2. 发生安全事故，按 0 分处理 | | | |
| 时间 | 小时 | | 提前正确完成，每 5 分钟加 2 分<br>超过定额时间，每 5 分钟扣 2 分 | | | |
| 开始时间： | | | 结束时间： | | 实际时间： | |

## 九、项目总结与回顾

1）在施工中有哪些做法是不规范的，你觉得这些不规范做法会给施工质量带来什么影响？提供施工质量和确保施工安全的主要措施有哪些？

2）火警信号传输线与电力线或照明线平行明敷时，其净距应不小于多少？交叉净距应不小于多少？

3）明配线方式布管的主要要求是什么？

4）明配线方式布管施工步骤有哪些？

## 习　　题

### 1. 填空题

（1）电线明管在单根线管敷设时，可以直接敷设在墙、顶、梁、柱等上，一般采用_____固定。

（2）防爆管线敷设时，管间及管与接线盒、按钮盒、设备之间必须用_____连接，_____必须用_____缠绕后旋紧，缠绕方向必须顺_____，以防松散。

（3）明配管经过建筑物伸缩缝时，为防止基础下沉不均或管子的热胀冷缩而损坏管子和导线，需在伸缩缝的旁边装设_____。

（4）火警信号传输线与电力线或照明线平行明敷时，其净距应不小于_____，交叉净距应不小于_____。

（5）明配硬塑料管在穿过楼板易受机械损伤的地方应用钢管保护，其保护高度距楼板面不应低于_____。

**2. 判断题**

（1）明配管的连接，应采用丝扣连接，连接处应做接地跨接。 （ ）

（2）明配管应排列整齐，固定点的距离应均匀；管卡与终端、转弯中点、弱电设备或接线盒边缘的距离为 50mm。 （ ）

（3）明配于潮湿场所和埋于地下的钢管，可使用薄壁钢管。 （ ）

**3. 单选题**

（1）硬聚氯乙烯塑料管的热膨胀系数要比钢管大 5~7 倍，所以管子敷设时要考虑热膨胀问题。一般在管路直线部分每隔_____要加装一个补偿装置。

　　A. 10m　　　　B. 20m　　　　C. 30m　　　　D. 40m

（2）电线管路的弯曲处，不应有折皱、凹穴和裂缝等现象，弯扁程度不应大于管外径的10%，弯曲半径应不小于管外径的 6 倍；如果只有一个弯时，可不小于外径的_____倍。

　　A. 3　　　　　B. 4　　　　　C. 2　　　　　D. 5

**4. 问答题**

（1）防爆管线的明配管敷设时有什么要求？

（2）安装补偿装置的主要目的是什么？

# 项目五 消防报警及联动控制系统桥架配线的施工

## 一、学习目标

1. 掌握桥架配线施工的要求。
2. 掌握桥架配线施工的方法。

## 二、项目导入

电缆桥架是消防报警及联动控制系统施工中常见的电缆敷设方式。电缆桥架一般分为梯形、组合、托盘式三种形式。其中托盘式做得较小时，常称为线槽。表面有镀锌、喷涂塑料和喷漆等几种。桥架是一种托敷电线电缆的支持件，安装比较简单，维修改造也很方便，在消防报警及联动控制系统中，应用十分普遍。桥架由直线段（长 1~4m 不等）、三通、四通、弯头、支架、吊架、引下装置和连接片等组成。

## 三、学习任务

### （一）项目任务

本项目的任务是将房屋顶部的感烟探测器与房间内的火灾报警控制器以电缆桥架方式连接起来。通过完成该任务，掌握电缆桥架配线的施工要求和施工方法。（注意：只是将管线接入接线盒内，不安装设备。）

### （二）任务流程图

本项目的任务流程如图 5-1 所示。

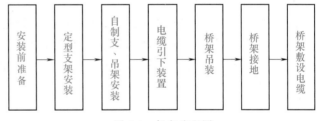

图 5-1 任务流程图

## 四、实施条件

要完成该项目，首先必须有一个安装施工的场地，并准备表 5-1 所示的材料和工具。

表 5-1 需准备的材料和工具

| 序号 | 设备类型 | 设　备 |
|---|---|---|
| 1 | 桥架设备 | 桥架、桥架盖板、支架、吊架及其他附件 |
| 2 | 测量安装工具 | 卷尺、电钻、螺钉旋具等 |
| 3 | 桥架吊装工具 | 定滑轮 |
| 4 | 桥架接地设备 | 接地扁钢、连接螺栓、螺母等 |
| 5 | 调试和测量工具 | 绝缘电阻表、万用表 |

## 五、操作指导

### （一）安装前准备工作

虽然电缆桥架的型号和规格在施工图中已经确定，但其敷设线路在施工图中只是示意性表示。对于线路的准确长度、三通、四通等在施工图中一般不作表示，需要经过复测才能确定各部分的准确长度、配件数量、支吊架的制作尺寸，提出备料计划。

（1）桥架宽度和高度

设计选择电缆桥架时，留有一定的备用空位，以便为今后增添电缆用。一般按全部电缆电线横截面积总和乘以 1.7~1.2 的系数来计算选用电缆桥架的宽度、高度尺寸。桥架的高度一般有 50mm、100mm、150mm 三种标准规格。安装或订货时，不可随便降低桥架宽度和高度。

（2）桥架盖板

火警信号传输电缆，经过有强电磁干扰或有油、腐蚀性液体、易燃粉尘等场所时，应采用盖上无孔的托盘式桥架。在公共通道或户外跨接道路段，梯架底层宜加垫板或采用托盘桥架。盖板的固定方法有两种：一种为挂钩式，由生产厂家焊接在桥架上；另一种是在桥架和盖板上打 $\phi$4mm 的孔，用自攻螺钉固定。

（3）支架和吊架及其他附件

支架和吊架是电缆桥架的固定支持件，有由生产厂家配套供应的，也有用角钢现场加工的。生产厂家的配套定型支持件在现场安装时往往不合适，现场加工就不存在这些问题，加工件应作防腐处理。桥架的连接件有外连接片和内连接片两种，采用桥架专用方颈螺栓加以固定，螺栓的螺母应向外。

### （二）定型支架安装方法

定型支架由主柱和托臂两部分组成，主柱可以采用膨胀螺栓固定在梁或顶板上，托臂可以卡固在立柱上面，如图 5-2 所示。立柱由槽钢、角钢和工字钢等型钢加工而成，上面有成排的长方形孔，可以调整托臂的标高。立柱还有倾斜底座式的，适用于在斜梁或斜顶面上安装固定。

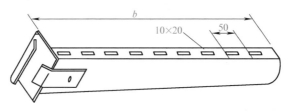

图 5-2　桥架托臂（卡固式）

托臂的长度与桥架的宽度相对应。托臂除在立柱上安装外，还有一种可直接安装在墙、柱、梁面上，如图 5-3 所示。垂直方向安装桥架，采用的托臂如图 5-4 所示。

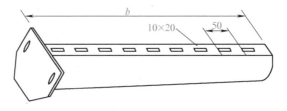

图 5-3　桥架托臂（螺栓固定）

### （三）自制支、吊架安装方法

自制电缆桥架支、吊架，应根据现场敷设路线的实际情况，测量出尺寸，绘出加工草图；根据桥架及电缆的重量，选择适当的角钢或槽钢进行加工。吊杆一般采用 $\phi8mm$ 的圆钢，支、吊架承载面上，应开两个固定桥架的长方形孔。其形式如图5-5所示。

### （四）电缆引下装置安装方法

电缆进出桥架，应通过引下装置。引下装置的作用是保护电缆，增加电缆的弯曲半径。引下装置分A、B、C、D四种形式，根据电缆引下的位置进行选择。引下装置中的钢管两端口应装设橡胶护线圈。电缆引下装置卡固在桥架上，在设有引下装置处，应增设加强支、吊架。电缆引下装置安装如图5-6所示。

### （五）桥架吊装方法

桥架支、吊架制作安装完毕后，可以安装桥架，在地面上可将桥架二、三节连接起来。连接时，应将桥架摆直，内外连接片分别对准桥架连接孔，用方颈螺栓固定。采用两个定滑轮水平起吊，起吊前应将吊架上的桥架一侧的吊杆螺母松开，使桥架能水平放在支架上。起吊要平直，两端用力要均匀，如图5-7所示。三通、四通和弯头均可连接后直接起吊。定滑轮可以挂在屋架、梁和其他承重的构件上。每吊上去一段应连接一段，

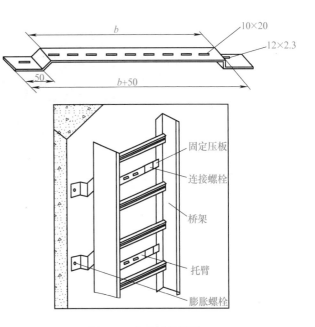

图5-4　垂直桥架托臂

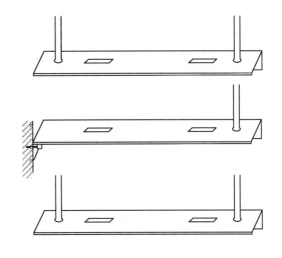

图5-5　自制桥架吊架

将桥架大致固定在支吊架上，待桥架上的电缆电线敷设完毕后，方可进行最后调直固定，加盖盖板。

### （六）桥架接地方法

桥架的接地，应按设计要求进行施工。一般有两种形式：一种是在桥架上所有的连接点均采用 $16mm^2$ 裸软铜线作为跨接地线，并在桥架上采用多处重复接地；另一种是在桥架上敷设一条 $25m×4mm^2$ 的镀锌扁钢，扁钢与每节桥架、三通、四通和弯头均用螺栓至少连接一处，最后将接地扁钢可靠接地。桥架上的所有接地螺栓、连接螺栓、螺母应向外，以免敷设电缆时刮坏电缆。

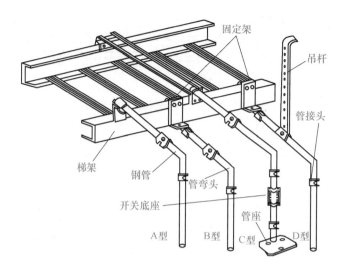

图 5-6　电缆引下装置

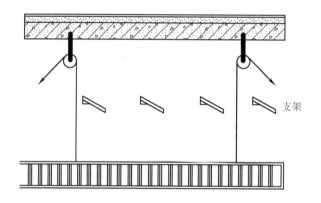

图 5-7　电缆桥架吊装示意图

**（七）桥架敷设电缆方法**

桥架敷设电缆，可在桥架上面绑上电缆放线滑轮，这种滑轮为塑料制品，冬季施工要注意其强度。在桥架水平段每4~6m绑扎一个，垂直段每4~5m绑扎一个，在拐弯处必须至少绑扎一个，根据拐弯的方向，可将拐角处的放线滑轮绑成垂直或倾斜45°。当滑轮绑好后，先将一根麻绳通过滑轮敷设在桥架上，一头人力牵引，另一头绑挂电缆。电缆绑扎牵引头采用网套头较好，与暗配管中穿管网套头相同。

电缆敷设的起点，应根据电缆桥架敷设线路、电缆盘运输条件、支盘场地等决定。一般选在火灾报警控制中心附近，也可以设在桥架拐角处、三通和四通连接处。粗电缆每次可以敷设一根，较细电缆一次可以敷设2~4根，具体要根据敷设电缆长度和线路拐弯数量及牵拉人数来决定。

敷设电缆时，拉力要均匀，桥架上应有人调整滑轮，以防电缆滑出滑轮，扭结在一起。当电缆较长时，可以选中间为起点，向两头敷设，这时电缆长度一定要测量准确。电缆桥架几排并列平行安装时，放电缆过程中，应先放靠墙的一排桥架上的电缆。电缆敷设在桥架上，应立即开始整理，使电缆松弛地、基本平行地摆放在桥架上，在建筑物伸缩缝处应摆放成"S"形。电缆摆放时，转弯处应紧松一致。每 3~5m 用塑料绑扎线绑扎一次。

## 六、问题探究

电缆桥架的安装要求：

1）桥架的安装应因地制宜选择支、吊架，桥架可水平、垂直敷设，可转直角或斜角弯，可进行 T 形或十字形分支。按设计要求，可由宽变窄、由高变低或由低升高。桥架上升或下降敷设一般以 45°斜度进行。在某一段内桥架的支、吊架应一致。

2）桥架的安装应有利于穿放电缆电线。桥架安装好后应进行调直，桥架应用压片固定在支、吊架上。

3）支持桥架的支、吊架长度应与桥架宽度一致，不应有长短不一致的现象。

4）电缆桥架严禁采用电、气焊接或切割，电气接地螺栓应由制造厂家在未喷涂前焊接在每节端部外缘。施工时，应用砂纸磨去螺栓表面的油漆，再进行接地跨接。

5）电缆从桥架上引下或由设备进入桥架时，应通过引下装置，在安装引下装置的部位两侧 1m 处增设加强支、吊架。

6）桥架在水平段每 1.5~3m 设置一个支、吊架；垂直段每 1~1.5m 设置一个支架；距三通、四通、弯头连接处 0.5m 处应设置支、吊架。

7）桥架经过建筑物伸缩缝时，应断开 100~150mm 间距，间距两端应进行接地跨接。

## 七、知识拓展与链接

### （一）线槽配线的安装方法

（1）线槽（小型桥架）安装

线槽安装和上述桥架安装方式相同，只是支、吊架要根据放线特点进行选择或加工。线槽敷设采用开口吊架，如图 5-8 所示。在这种吊架上布放导线非常方便，吊设时采用一根吊杆固定安装。线槽较轻，也可用扁钢制作的 L 形支架，沿墙安装。安装时可先在地面上将三节或四节连接成一体，放在支、吊架上固定好。支、吊架的间距为 1.5~2m。线槽的拐角、三通等应由制造厂家定型生产，不应在现场将线槽随意开口弯折。根据现场实际情况，线槽也可吊固在管道的支架下面。

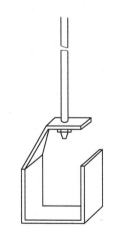

图 5-8 开口式配线槽吊架

（2）布放导线

线槽中布放的电缆电线较轻，敷设比较简单，先把导线放在线架上，每根导线需要一个放线架，将要敷设的导线沿线槽走向布放在地面上，然后分段放入线槽，线槽内的导线应松紧基本一致，一般不作调理。布放完导线后应盖上盖板，线槽内一般不应设电线接头。

### （二）工业化成品支吊架技术

装配式成品支吊架由管道连接的管夹构件、建筑结构连接的锚固件以及将这两种结构连接起来的承载构件、减振构件、绝热构件以及辅助安装件构成。该技术可满足不同规格的风管、桥架、工艺管道的应用，特别是在错综复杂的管路定位和狭小管井、吊顶施工中，更可发挥灵活组合技术的优越性。近年来，在机场、大型工业厂房等领域已开始应用复合式支吊架技术，可以相对有效地化解管线集中安装与空间紧张的矛盾。复合式管线支吊架系统具有吊杆不重复、与结构连接点少、空间节约、后期管线维护简单、扩容方便、整体质量及观感好等特点。

（1）技术特点

根据 BIM 模型确认的机电管线排布，通过数据库快速导出支、吊架形式，从供应商的产品手册中选择相应的成品支、吊架组件，或经过强度计算，根据结果进行支、吊架型材选型、设计。工厂制作装配式组合支、吊架，在施工现场仅需简单机械化拼装即可成型，减少现场测量、制作工序，降低材料损耗率和安全隐患，实现施工现场绿色、节能。

主要技术先进性体现在：

1）标准化。产品由一系列标准化构件组成，所有构件均采用成品，或由工厂采用标准化生产工艺，在全程、严格的质量管理体系下批量生产，产品质量稳定，且具有通用性和互换性。

2）简易安装。一般只需 2 人即可进行安装，技术要求不高，安装操作简单、高效，明显降低劳动强度。

3）施工安全。施工现场无电焊作业产生的火花，从而消灭了施工过程中的火灾事故隐患。

4）节约能源。由于主材选用的是符合国际标准的轻型 C 型钢，在确保其承载能力的前提下，所用的 C 型钢质量相对于传统支、吊架所用的槽钢、角钢等材料可减轻 15% ~ 20%，明显减少了钢材使用量，从而节约了能源消耗。

5）节约成本。由于采用标准件装配，可减少安装施工人员；现场无需电焊机、钻床、氧气乙炔装置等施工设备投入，能有效节约施工成本。

6）保护环境。无需现场焊接、无需现场刷油漆等作业，因而不会产生弧光、烟雾、异味等多重污染。

7）坚固耐用。经专业的技术选型和机械力学计算，具有足够高的安全系数，其承载能力安全可靠。

8）安装效果美观。安装过程中，由专业公司提供全程、优质的服务，确保精致、简约的外观效果。

（2）施工工艺

1）吊架和支架安装应保持垂直，整齐牢固，无歪斜现象。

2）支、吊架安装要根据管子位置，找平、找正、找标高，安装要牢固，与管子接合要稳固。

3）吊架要按施工图锚固于主体结构上，要求拉杆无弯曲变形，螺纹完整且与螺母配合良好、牢固。

4）在混凝土基础上用膨胀螺栓固定支、吊架时，打入膨胀螺栓的深度必须达到规定要求，特殊情况需做拉拔试验。

5）管道的固定支架应严格按照设计图纸安装。

6）导向支架和滑动支架的滑动面应洁净、平整，滚珠、滚轴、托滚等活动零件与其支撑件应接触良好，以保证管道能自由膨胀。

7）所有活动支架的活动部件均应裸露，不应被保温层覆盖。

8）有热位移的管道，在受热膨胀时，应及时对支、吊架进行检查与调整。

9）恒作用力支、吊架应按设计要求进行安装调整。

10）装配支架时应先整型，再上锁紧螺栓。

11）支、吊架调整后，各连接件的螺杆丝扣必须带满，锁紧螺母应锁紧，防止松动。

12）支架间距应按设计要求正确装设。

13）支、吊架安装应与管道的安装同步进行。

14）支、吊架安装施工完毕后应将支架擦拭干净，所有暴露的槽钢端均需装上封盖。

## 八、质量评价标准

项目质量考核要求及评分标准见表 5-2。

表 5-2　项目质量考核要求及评分标准

| 考核项目 | 考 核 要 求 | 配分 | 评 分 标 准 | 扣分 | 得分 | 备注 |
|---|---|---|---|---|---|---|
| 安装过程 | 1. 准备工作充分,考虑全面<br>2. 测量精确、定位准确<br>3. 支、吊架安装正确<br>4. 引下装置安装正确规范<br>5. 桥架的吊装操作规范<br>6. 接地操作规范并能满足要求<br><br>7. 电缆敷设操作规范,符合标准 | 100 | 1. 准备不充分,考虑不全面扣 10 分<br>2. 测量不准确,定位错误,每处扣 3 分<br>3. 支、吊架安装不正确,每处扣 3 分<br>4. 引下装置安装不正确,每处扣 3 分<br>5. 桥架吊装操作不规范,扣 5 分<br>6. 接地操作不规范或不能满足要求扣 10 分<br>7. 电缆敷设操作不规范或不符合标准扣 20 分 | | | |
| 安全生产 | 自觉遵守安全文明生产规程 | | 1. 每违反一项规定,扣 3 分<br>2. 发生安全事故,按 0 分处理 | | | |
| 时间 | 小时 | | 提前正确完成,每 5 分钟加 2 分<br>超过定额时间,每 5 分钟扣 2 分 | | | |
| 开始时间: | | 结束时间: | | 实际时间: | | |

## 九、项目总结与回顾

在施工中有哪些做法是不规范的，你觉得这些不规范的做法会给施工质量带来什么影响？提供施工质量和确保施工安全的主要措施有哪些？

习　题

**1. 填空题**

（1）电缆桥架一般分为_____、_____、_____三种形式。其中_____做得较小时，常称为线槽。

（2）一般按全部电缆电线横截面积的总和乘以_____的系数来计算选用电缆桥架的宽度、高度尺寸，桥架的高度一般有_____ mm、_____ mm、_____ mm 三种标准规格。

（3）桥架经过建筑物伸缩缝时，应断开_____ mm 间距，间距两端应进行接地跨接。

（4）桥架的接地，一般有两种形式，一种是在桥架上所有的连接点均采用＿＿＿＿＿＿＿mm² 裸软铜线作为跨接地线，并在桥架上采用多处重复接地；另一种是在桥架上敷设一条＿＿＿＿＿＿＿ mm² 的镀锌扁钢，扁钢与每节桥架、三通、四通和弯头均用螺栓至少连接一处，最后接地扁钢可靠接地。

（5）电缆敷设在桥架上，应立即开始整理，使电缆松弛地、基本平行地摆放在桥架上，在建筑物伸缩缝处应摆放成＿＿＿＿＿＿＿形。

**2. 判断题**

（1）电缆桥架的型号、规格和敷设线路在施工图中已经确定，只需按图施工即可。

（　　）

（2）桥架上的所有接地螺栓、连接螺栓、螺母应向外，以免敷设电缆时刮坏电缆。

（　　）

（3）桥架上升或下降敷设一般以 90°斜度进行。 （　　）

**3. 单选题**

（1）电缆从桥架上引下或由设备进入桥架时，应通过引下装置，在安装引下装置的部位两侧＿＿＿＿＿＿＿处增设加强支、吊架。

    A. 1m        B. 2m        C. 3m        D. 4m

（2）如线槽较轻，也可用＿＿＿＿＿＿＿制作的 L 形支架，沿墙安装。

    A. 塑料        B. 圆钢        C. 扁钢        D. 镀锌管

**4. 问答题**

（1）桥架安装前应做哪些准备工作？

（2）桥架的接地有哪两种方法？

（3）如何完成桥架的布线？

（4）线槽的安装与布线要求是什么？

# 项目六　火灾探测器与手动报警按钮的安装

## 一、学习目标

1. 掌握各种火灾探测器布置的要求。
2. 掌握各种火灾探测器的安装方法和步骤。
3. 掌握手动报警按钮的布置要求和安装方法。

## 二、项目导入

火灾探测器与手动报警按钮的安装是消防报警及联动控制系统安装工程最主要的内容之一。它们的正确安装、接线是消防报警及联动控制系统正常工作的前提条件。随着智能化消防技术的发展，火灾探测器与手动报警按钮的种类也在增加，安装接线方式也发生了很大变化。

## 三、学习任务

### （一）项目任务

本项目的任务是通过训练让学生能针对现场情况正确地选择各种火灾探测器与手动报警按钮的安装位置，同时学会在各种方式下正确安装火灾探测器和手动报警按钮。

### （二）任务流程图

本项目的任务流程如图 6-1 所示。

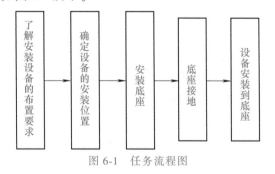

图 6-1　任务流程图

## 四、实施条件

要完成该项目，首先必须有一个安装施工的场地，并准备各种火灾探测器、手动报警按钮、连线及安装工具等。

## 五、操作指导

### （一）确定火灾探测器安装位置的方法

虽然在设计图样中确定了火灾探测器的型号、数量和大体的分布情况，但在施工过程中还需要根据现场的具体情况来确定火灾探测器的位置。在确定火灾探测器的安装位置和方向时，首先要考虑功能的需要，另外也应考虑美观，考虑周围灯具、风口和横梁的布置。

1）探测器至墙壁、梁边的水平距离，不应小于0.5m，如图6-2所示。

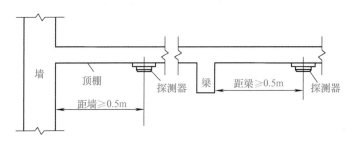

图6-2 探测器至墙壁、梁边的水平距离

2）探测器周围0.5m内，不应有遮挡物。

3）探测器应靠回风口安装，探测器至空调送风口边的水平距离，不应小于1.5m，如图6-3所示。

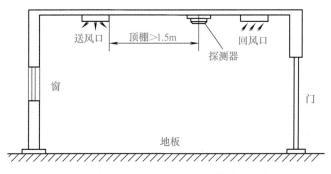

图6-3 探测器至空调送风口边的水平距离

4）在宽度小于3m的内走道顶棚上设置探测器时，居中布置。两只感温探测器间的安装间距，不应超过10m；两只感烟探测器间的安装间距，不应超过15m。探测器距端墙的距离，不应大于探测器安装间距的一半，如图6-4所示。

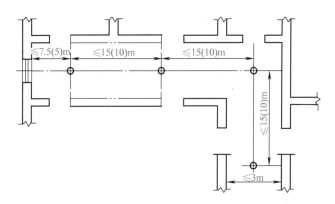

图6-4 探测器在走道顶棚上安装示意图

5）当房顶坡度θ>15°时，探测器应在人字坡屋顶下最高处安装，如图6-5所示。

6）当房顶坡度 $\theta \leqslant 45°$ 时，探测器可以直接安装在屋顶板面上，如图6-6所示。

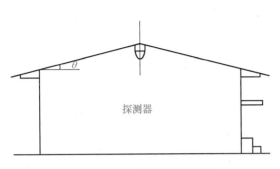

图6-5 $\theta > 15°$ 探测器安装要求

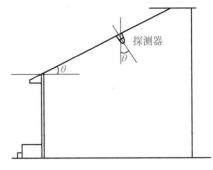

图6-6 $\theta \leqslant 45°$ 探测器安装要求

7）锯齿形屋顶，当 $\theta > 15°$ 时，应在每个锯齿屋脊下安装一排探测器，如图6-7所示。

8）当房顶坡度 $\theta \geqslant 45°$ 时，探测器应加支架，水平安装，如图6-8所示。

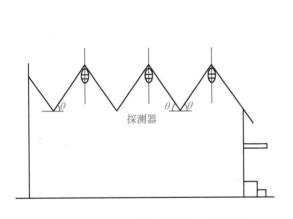

图6-7 $\theta > 15°$ 锯齿形屋顶探测器安装要求

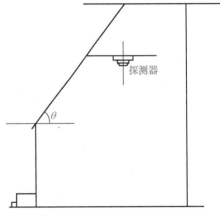

图6-8 $\theta \geqslant 45°$ 探测器安装要求

9）探测器确认灯，应面向便于人员观测的主要入口方向，如图6-9所示。

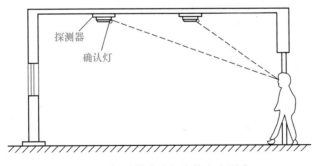

图6-9 探测器确认灯安装方向要求

10）在电梯井、管道井、升降井处，可以只在井道上方的机房顶棚上安装一只感烟探测器。在楼梯间、斜坡式走道处，可按垂直距离每15m高处安装一只探测器，如图6-10所示。

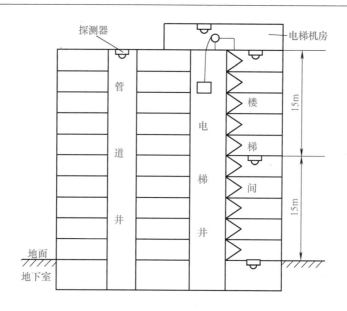

图 6-10 井道、楼梯间、走道等处探测器安装要求

11）在无吊顶的大型桁架结构仓库，应采用管架将探测器悬挂安装，下垂高度应按实际需要选取。当使用烟感探测器时，应该加装集烟罩，如图6-11 所示。

12）当房间被书架、设备等物品隔断时，如果分隔物顶部至顶棚或梁的距离小于房间净高的 5%，则每个被分割部分至少安装一只探测器。

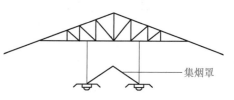

图 6-11 桁架结构仓库探测器安装要求

**（二）确定手动报警按钮安装位置的方法**

手动报警按钮从安装数量上看，规范要求报警区域内每个防火分区应至少设置一只手动报警按钮。从一个防火分区内的任何位置到邻近的一个手动报警按钮的步行距离不应大于30m。手动火灾报警按钮应设置在明显和便于操作的部位，即设置在建筑物的安全口、安全楼梯口。通常手动报警按钮和火警电铃一同装在消火栓旁边，安装在墙上距地面（或楼面）高度 1.5m 处，且应有明显的标志。安装时，有的还应有预埋接线盒，手动报警按钮应安装牢固，且不得倾斜。为了便于调试、维修，手动报警按钮外接导线，应留有 10cm 以上的余量，且在其端部应有明显标志。

**（三）火灾探测器的安装方法**

火灾探测器底座的安装方法因安装位置、建筑结构的不同而不同。常见的有埋入式接线盒安装、吊顶下安装和活动地板下安装等多种方式。

（1）埋入式接线盒安装方式

埋入式接线盒（预埋盒）的安装方式：预先在土建工程中留下预埋孔座，安放时从预埋穿线管中穿出电线进入接线盒内，如图6-12 所示。

将探测器底座（又称探测器接线座）固定在接线盒上，将引入电源线或信号线从接线盒引入，牢固地接在探测器底座相应的接线柱上（或者焊接在底座相应的接线片上）。连接点应牢固可靠。接线盒与底座之间应加绝缘垫片，保证二者间绝缘良好。底座安装接线完毕，应仔细检查，不允许有接错、短路、虚焊等情况，如图 6-13 所示。

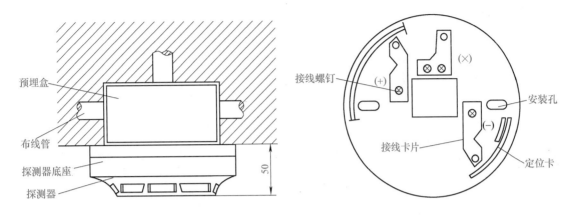

图 6-12 埋入式接线盒（预埋盒）的安装方式　　　　图 6-13 探测器底座

底座安装完后，不要安装探头，应先安装保护盖。待系统开通调试时，再取下保护盖，将探测器头安装上。探测器的安装组合如图 6-14 所示。探头安装时，应使外罩上的确认灯对准主要出入口方向，以便人员观察。

（2）吊顶下安装方式

在许多情况下，探测器是安装在吊顶下的，根据建筑的结构主要有两种情况：一种是直接将探测器安装在吊顶内的接线盒上，如图 6-15 所示；另一种是将探测器安装在龙骨上，再通过金属软管与吊顶内的接线盒连接，如图 6-16 所示。

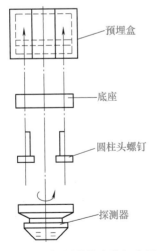

图 6-14 探测器的安装组合图

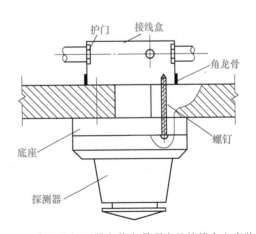

图 6-15 直接将探测器安装在吊顶内的接线盒上安装方式

在顶板下安装探测器的穿线管道也有两种方式：一种是暗配管方式，如图 6-17 所示；还有一种是明配管方式，如图 6-18 所示。

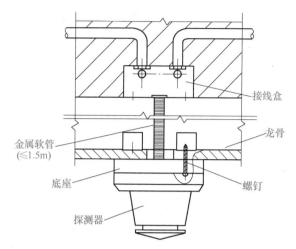

图 6-16   将探测器安装在龙骨上，再通过
金属软管与吊顶内的接线盒连接

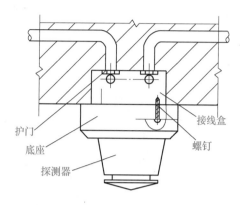

图 6-17   顶板下暗配管安装图

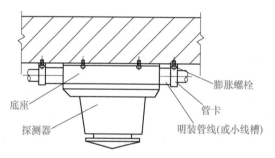

图 6-18   顶板下明配管安装图

（3）活动地板下安装方式

有些火灾探测器需要安装在活动地板下，安装时必须增设支架。探测器可采用专用接线盒安装，也可采用标准接线盒安装，必要时可加调整板调整安装孔距，如图 6-19 所示。

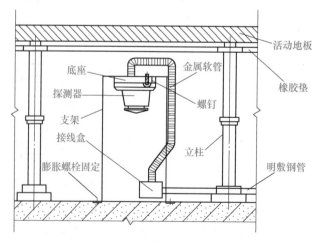

图 6-19   探测器在活动地板下安装

## 六、问题探究

### （一）端子接线的方法

消防报警系统一般采用铜芯电缆或电线，单芯铜线剥去绝缘层，可以直接接入接线端子排，剥去绝缘层的长度，比端子排插入孔深度长 1mm 为宜。对于多芯铜线，应先剥去绝缘层，搪锡后再接入接线端子排。

如果电线电缆要接在螺钉头下，单芯铜线应弯曲成图 6-20 所示形状，其方向应和螺钉旋入方向相同。对于多芯铜线，应压接接线端子（线鼻子），压接处应施加焊锡。接线端子应和导线线径符合。

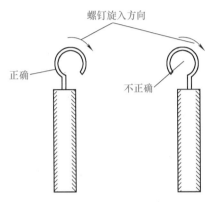

图 6-20　导线末端的处理方法

引入报警控制器的电缆或电线应符合下列要求：

1）配线整齐、清晰、美观、避免交叉，并应固定牢靠，端子板不应承受外界机械应力。

2）电缆芯线和所配导线的端部均应标明编号。编号应与图样一致，字迹清晰，不易褪色。建议采用导线塑料套管打号机打印编号。

3）端子板的每个接线端子，接线不得超过两根。

4）电缆芯和导线应留有不小于 200mm 的缓冲余量。

5）导线应装入塑料线槽或绑扎成束。

6）导线穿线后在进线管处应封堵。

7）报警控制器的供电电源引入线应直接与消防电源连接，严禁使用电源插头。供电电源应有明显标志。

8）控制器接地应牢固，并有明显标志。

接线端子处装设标号牌，用来区别各种不同的接线与端子标号，便于维修和检查。图 6-21 为套装式标号牌。这种标号牌必须在导线连接到接线端子前，先将标号牌打印标号后套在导线上。如果现场没有塑料套管打号机，也可以采用碳素墨水加入适量二氯乙烷和龙胆紫进行书写，以防褪色。

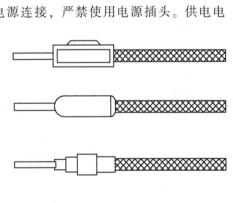

图 6-21　套装式端子标号牌

### （二）箱内配线的方法

探测器、手动报警按钮、音响器、门灯和警铃等在安装的同时已进行了接线。而大量的电缆电线汇总于区域报警控制器和集中报警器的箱（柜）中，在箱（柜）中配线应先根据接线端子的位置和箱（柜）内的元器件分布情况，确定合理的导线排列路线，用直尺画好线。

电缆电线在报警控制箱内敷设，有塑料线槽固定法、塑料螺旋管固定法和绑扎法。齿形塑料行线槽（走线槽）如图 6-22 所示，行线槽应沿箱体底板或侧面固定。导线可以敷设在行线槽内，线可以从齿孔中引出，接至接线端子上。引出的导线较多时，齿孔中引出线排列不下，可以拆掉一两个齿。敷设完毕，应将行线槽盖盖好。

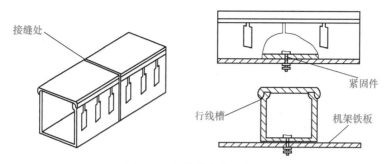

图 6-22 行线槽安装示意图

塑料螺旋管固定如图 6-23 所示。先将导线整齐地排列在箱内，使导线水平或垂直方向敷设。待导线敷设好后，再将塑料螺旋管打开，缠绕在导线上，靠塑料螺旋管的弹性，将导线绑扎成一束。

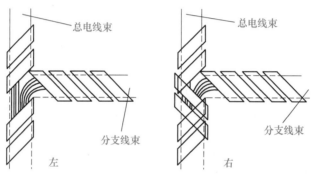

图 6-23 塑料螺旋管固定法

在箱内敷设的电缆电线束也可以用绝缘材料制成的绑扎带扎牢，扎带间距宜为 100mm。电线的弯曲半径不应小于其外径的 3 倍，在报警控制箱内不应有中间头，其绝缘护套不应损伤。箱内敷设的电缆电线绑扎方法如图 6-24 所示。

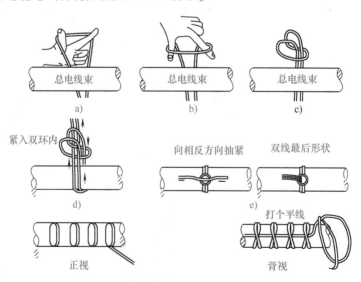

图 6-24 箱内敷设的电缆电线绑扎方法

### （三）屏蔽层的接线方法

在一些消防报警及联动系统中采用屏蔽电缆作为传输线，以提高系统的抗干扰能力。屏蔽层的接线应按照消防系统的原理图进行，大多数以屏蔽层作为地线。在报警控制箱里，将所有的屏蔽线加焊端子后接在接地端子排上。但在一些系统中，屏蔽层起着某种信号传输作用，不能接地。这样的系统，屏蔽层剥出后，还应加装塑料软管后再进行接线，严禁屏蔽层接地。屏蔽层接线一定要牢固可靠，剥除绝缘层时，不应损坏屏蔽层，屏蔽处理的好坏，直接影响传输质量。

### （四）手动报警按钮的作用和工作方式

手动报警按钮是消防报警及联动控制系统中必备的设备之一。它具有确认火情或人工发出火警信号的特殊作用。当人们发现火灾后，可通过装于走廊、楼梯口等处的手动报警按钮进行人工报警。手动报警按钮为装于金属盒内的按键，一般将金属盒嵌入墙内，外露红色边框的保护罩。人工确认火灾后，敲破保护罩，按下按键，此时，一方面就近的报警设备（如火警讯响器、火警电铃）动作；另一方面手动信号被送到区域报警器，发出火灾报警。像探测器一样，手动报警按钮也在系统中占有一个部位号。有的报警按钮还具有动作指示，接收返回信号等功能。

手动报警按钮的报警紧急程度比探测器高，一般不需确认。所以手动报警按钮要求更可靠、更确切，处理火灾要求更快。手动报警按钮宜与集中报警器连接，且单独占用一个部位号。因为集中报警控制器在消防室内，能更快采取措施，所以当没有集中报警器时，它才接入区域报警器，但应占用一个部位号。

## 七、知识拓展与链接

### （一）火灾探测器型号的编制方法

火灾探测器生产型号编制方法如图 6-25 所示。

图 6-25　火灾探测器型号的编制方法

1）J（警）：消防产品中分类代号，指火灾报警设备。

2）T（探）：火灾探测器代号。

3）火灾探测器分类代号。各种类型火灾探测器的具体表示方法如下：Y（烟）——感烟火灾探测器；W（温）——感温火灾探测器；G（光）——感光火灾探测器；Q（气）——可燃气体火灾探测器；F（复）——复合式火灾探测器。

4）应用范围特征代号。B——防爆型（无 B 为非防爆型）；C——船用型。

5）传感器特征表示法（敏感元件、敏感方式特征代号）：LZ——离子；GD——光电；MD——膜盒定温；MC——膜盒差温；MCD——膜盒差定温；SD——双金属定温；SC——双金属差温；GW——感光感温；GY——感光感烟；YW——感烟感温；YW-HS——红外光束感烟感温。

6）主参数。定温、差用灵敏度级别表示，感烟探测器的主要参数无须反映。例如：JTW-JD-1 表示易熔合金定温火灾探测器，I 级灵敏度；JTY-LZ-C 表示第三次改型的离子感烟火灾探测器。JTF-YW-HS 表示复合式红外光束感烟感温火灾探测器。

### （二）可燃气体探测器的安装

可燃气体探测器的安装高度应根据介质（密度大小）的不同来确定，对于重于空气的气体（如液化石油气），安装高度为距地面 10cm，对于轻于空气的可燃气体（城市人工煤气、天然气），应安装在距顶棚 30cm 以内，如图 6-26 所示。

梁高于 0.6m 时，可燃气体探测器应安装在有煤气灶的一边，如图 6-27 所示。

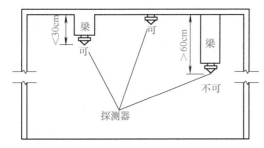

图 6-26　轻于空气的可燃气体应安装距顶棚 30cm 以内

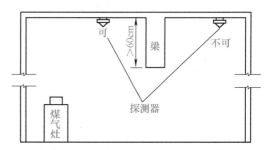

图 6-27　梁高于 0.6m 时，可燃气体探测器应安装在有煤气灶的一边

可燃气体探测器应安装在距煤气灶 8m 以内的屋顶上，如图 6-28 所示。

### （三）红外光束感烟探测器的安装

应将红外光束感烟探测器的发射器与接收器相对安装在保护空间的两端，且在同一水平直线上。红外光束感烟探测器的光束轴线距顶棚的垂直距离宜为 0.3~1.0m，距地高度不宜超过 20m。相邻两组红外光束感烟探测器的水平距离不应大于 14m。探测器距侧墙水平距离不应大于 7m，且不应小于 0.5m。探测器的发射器和接收器之间的距离不宜超过 100m。当房间高度为 8~14m 时，除在顶棚下方设置光束感烟探测器外，还应在房间高度的 1/2 处也设置光束感烟探测器。当房间高度为 14~20m 时，探测器宜分 3 层设置。红外光束感烟探测器的工作原理如图 6-29 所示。

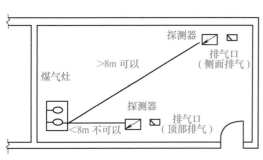

图 6-28　可燃气体探测器应安装在距煤气灶 8m 以内的屋顶上

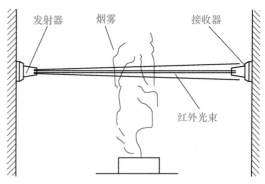

图 6-29　红外光束感烟探测器的工作原理

红外光束感烟探测器的安装位置要远离强磁场，避免日光直射，使用环境不应有灰尘滞留。应在探测器的相对空间内避开固定遮挡物和流动遮挡物。探测器的底座一定要安装牢固，不能松动。探测器在顶棚的安装方法如图6-30所示，在墙壁的安装方法如图6-31所示。

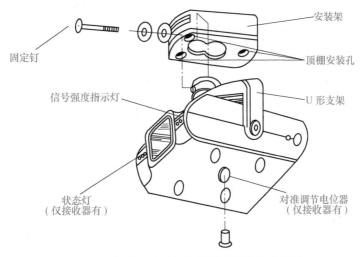

图 6-30  红外光束感烟探测器顶棚安装示意图

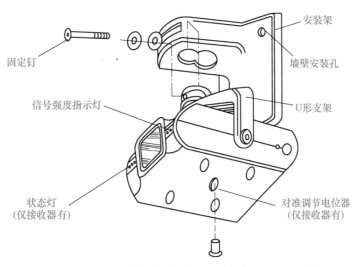

图 6-31  红外光束感烟探测器在墙壁的安装方法示意图

无论是安装在墙壁上还是安装在顶棚上，所要安装的表面必须没有振动、位移，否则易引起探测器报警故障。

### （四）缆式探测器的安装

缆式线型定温探测器在电缆桥架或支架上设置时，宜采用接触式布置。在各种传送带输送装置上设置时，宜设置在装置的过热点附近。设置在顶棚下方的空气管式线型差温探测器，距顶棚的距离宜为0.1m。相邻管路之间的水平距离不宜大于5m；管路至墙壁的距离宜为1~1.5m。

单面支架的电缆隧道、电缆地沟内缆式定温探测器的安装如图6-32所示。

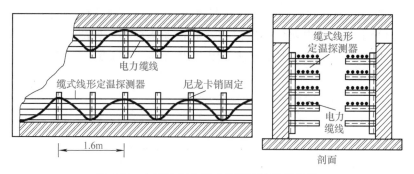

图 6-32 电缆地沟内缆式定温探测器安装图

## 八、质量评价标准

项目质量考核要求及评分标准见表 6-1。

表 6-1 项目质量考核要求及评分标准

| 考核项目 | 考核要求 | 配分 | 评分标准 | 扣分 | 得分 | 备注 |
|---|---|---|---|---|---|---|
| 安装过程 | 1. 火灾探测器定位准确<br>2. 手动报警按钮定位准确<br>3. 底座安装正确<br>4. 接线正确<br>5. 安装操作规范 | 100 | 1. 火灾探测器定位错误扣 10 分<br>2. 手动报警按钮定位错误扣 10 分<br>3. 底座安装错误，每处扣 3 分<br>4. 接线错误，每处扣 3 分<br>5. 操作不规范，每处扣 5 分 | | | |
| 安全生产 | 自觉遵守安全文明生产规程 | | 1. 每违反一项规定，扣 3 分<br>2. 发生安全事故，按 0 分处理 | | | |
| 时间 | 小时 | | 提前正确完成，每 5 分钟加 2 分<br>超过定额时间，每 5 分钟加 2 分 | | | |
| 开始时间： | | | 结束时间： | | 实际时间： | |

## 九、项目总结与回顾

在施工中有哪些做法是不规范的，你觉得这些不规范的做法会给施工质量带来什么影响？确保施工质量和施工安全的主要措施有哪些？

习　　题

**1. 填空题**

（1）在宽度小于 3m 的内走道顶棚上设置探测器时，居中布置。感温探测器的安装间距，不应超过_____；感烟探测器的安装间距，不应超过_____。探测器距端墙的距离，不应大于探测器安装间距的一半。

（2）可燃气体探测器的安装高度应根据介质（密度大小）的不同来确定，对于重于空气的气体（如液化石油气），安装高度为距地面_____，对于轻于空气的气体（城市人工煤气、天然气），应安装距顶棚_____以内。

**2. 判断题**

（1）当房间被书架、设备等物品隔断时，如果分隔物顶部至顶棚或梁的距离小于房间

净高的 25%，则每个被分割部分至少安装一只探测器。 （ ）

（2）探测器至墙壁、梁边的水平距离，不应大于 0.5m。 （ ）

3. 单选题

（1）从一个防火分区内的任何位置到邻近的一个手动报警按钮的步行距离不应大于_____。

    A. 15m        B. 30m        C. 45m        D. 50m

（2）通常手动报警按钮和火警电铃一同装在消火栓旁边，安装在墙上距地面（或楼面）高度_____处，且应有明显的标志。

    A. 1.5m        B. 2m        C. 0.5m        D. 3m

4. 论述题

（1）简述火灾探测器生产型号编制方法。

（2）常用火灾探测器的安装要求和安装方式有哪些？

（3）可燃气体探测器的安装要求是什么？

（4）红外光束感烟探测器的安装要求是什么？

（5）缆式探测器的安装要求是什么？

（6）简述消防报警设备端子接线方法。

（7）简述消防报警设备箱内配线方法。

（8）简述消防报警设备屏蔽层接线方法。

# 项目七 简单消防报警系统的安装

## 一、学习目标

1. 掌握消防报警控制器的功能和原理。
2. 掌握消防报警系统的构成。
3. 掌握消防报警控制系统的设置与调试方法。

## 二、项目导入

简单的消防报警系统是由一只火灾探测器、一只手动报警按钮、一只讯响器和一台消防报警控制器构成的。在一个消防报警系统中，火灾探测器是系统的感觉器官，它随时监视着周围环境的情况。而火灾报警控制器是中枢神经系统，是系统的核心。其主要作用是供给火灾探测器高稳定性的工作电源；监视连接各火灾探测器的传输导线有无断线、故障，保证火灾探测器长期有效稳定的工作；当火灾探测器探测到火灾形成时，明确指出火灾的发生部位以便及时采取有效的措施。

## 三、学习任务

### （一）项目任务

本项目的任务是将一只火灾探测器、一只手动报警按钮、一只声光报警器、一只火灾探测器门灯、一台火灾显示盘、一只总线隔离器和一台消防报警控制器按图 7-1 连接起来，通过完成现场设备的编码和火灾报警控制的设置，构成一个完整的消防报警控制系统。通过学习，让学生了解消防报警控制器的功能和原理，掌握消防报警系统的构成、设置和调试方法。

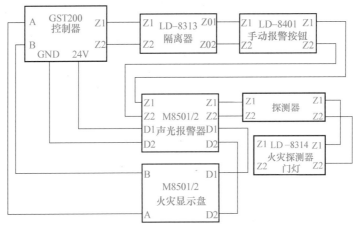

图 7-1 项目系统图

**(二) 任务流程图**

本项目的任务流程如图 7-2 所示。

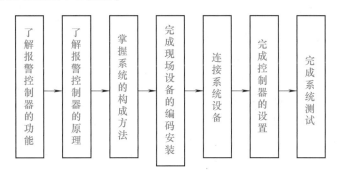

图 7-2  任务流程图

## 四、实施条件

要完成该项目，首先必须有一个安装施工的场地，并准备一个火灾探测器、一个手动报警按钮、一个编码器、一个声光报警器、一个火灾探测器门灯、一个火灾显示盘、一个总线隔离器、一个消防报警控制器、连线及安装工具等。

## 五、操作指导

**(一) 探测器与手动报警按钮的安装方法**

1）确认探测器和手动报警按钮的类型与图样或底座的标签要求的类型是否一致。

设备的接线

2）对现场设备进行编码。

3）将探测器插入底座。

4）顺时针方向旋转探测器直至其落入卡槽中。

5）继续顺时针方向旋转探测器直至锁定部位。

**注意：未摘取防尘罩的探测器无法探测到烟雾；灰尘很大时，卸掉防尘罩会污染探测器。**

6）待全部探测器安装完毕，且无线路故障，再进行加电，此时探测器应处于监控状态（指示灯闪亮）。

7）用一测试磁铁置于探测器塑料外壳的测试插孔对应位置上，对探测器进行测试，控制器应能显示出该探测器正在报火警，探测器指示灯应处于恒亮状态。

8）复位控制器，探测器应能恢复至监控状态。

9）探测器如需要加烟测试，可用气溶胶发生器或相似的加烟工具在进烟位置进行加烟测试。此时探测器（感烟型）应能报出火警信号。

**(二) 火灾探测器门灯的安装方法**

门灯一般安装在巡视观察方便的地方，如会议室、餐厅、房间等门口上方，便于从外部了解内部的火灾探测器是否报警。此部件可与对应的探测器并联使用，并与该探测器编码一致。当探测器报警时，门灯上的指示灯闪亮，在不进入室内的情况下就可知道室内的探测器已触发报警。门灯也可单独使用，占用独立的总线编码点，可通过电子编码器更改设置。

### （三）声光讯响器的安装方法

声光讯响器是一种安装在现场的声光报警设备。当现场发生火灾并确认后，安装在现场的声光讯响器可由消防控制中心的火灾报警控制器触发启动，发出强烈的声光报警信号，以达到提醒现场人员注意的目的。声光讯响器分非编码型与编码型两种，防火现场以距顶棚0.2m 处安装为宜。非编码型声光讯响器可直接由有源 DC 24V 动合触点进行控制，如图7-3所示。

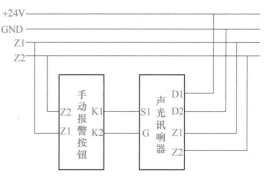

图 7-3　声光讯响器接线示意图

编码型声光讯响器直接接入火灾报警控制器的信号两总线（需由电源系统提供两根 DC 24V 电源线）。信号总线采用 RVS 型双绞线，截面积 $\geqslant 1.0 \mathrm{mm}^2$；电源线采用 BV 线，截面积 $\geqslant 1.5 \mathrm{mm}^2$；S1、G 采用 RV 线，截面积 $\geqslant 0.5 \mathrm{mm}^2$。

### （四）总线隔离器的安装方法

当总线发生故障时，总线隔离器将发生故障的总线部分与整个系统隔离开来，以保证系统的其他部分能正常工作，同时便于确定出发生故障的总线部位。当故障部分的总线修复后，总线隔离器可自行恢复工作，将被隔离部分重新纳入系统。总线隔离器一般安装在楼层弱电间总线的分支处或报警控制器的回路输出接口。总线隔离器直接与信号两总线连接，可选用截面积 $\geqslant 1.0 \mathrm{mm}^2$ 的 RVS 型线缆。

### （五）火灾显示盘的安装方法

火灾显示盘是安装在楼层或独立防火区内的火灾报警显示装置。它通过总线与火灾报警控制器相连，处理并显示控制器传送过来的数据。当建筑物内发生火灾后，消防控制中心的火灾报警控制器报警，同时把报警信号传输到失火区域的火灾显示盘上。火灾显示盘将产生报警的探测器编号及相关信息显示出来，同时发出声光报警信号，以通知失火区域的人员。DC 24V 电源线采用 BV 线，截面积 $\geqslant 2.5 \mathrm{mm}^2$；通信线采用 RVVP2×1.0mm²。

### （六）现场设备的编码方法

目前，国内外总线制消防报警与联动控制系统设备采用总线数据传输方式，其现场设备的编码可以采用拨码开关编码、电子编码和自适应编码三种方式。

（1）拨号开关编码

常见的拨号开关编码有二进制和三进制两种。二进制编码方式是由现场设备底座编码口内 8 位 DIP 开关的前 7 位设置成 1~127 个十进制编码中的任意一个编号。通用编码公式为

$$编码地址号 = A_1 \times 2^0 + A_2 \times 2^1 + \cdots + A_7 \times 2^6 = A_1 + 2A_2 + \cdots + 64A_7$$

开关形式如图 7-4 所示。DIP 开关上每一个开关都可以置于"ON"或"OFF"位置。置于"ON"位置时表示该位开关有效，相应的 $A$ 值等于 1；置于"OFF"位置时表示该位开关无效，相应的 $A$ 值等于 0。如图

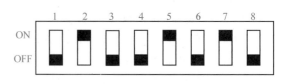

图 7-4　DIP 开关的状态

7-4 所示的 DIP 开关状态，其编码地址号 = 2×1+16×1+64×1 = 82。

　　三进制拨码开关通常使用"五位三进制编码插针"开关，编码的插针为 5 行 3 列，开关形式如图 7-5 所示。将 0、1 两列插针用短路环短接，表示该行数值为"0"；不加短路环，表示数值为"1"；若将该行 1、2 两列插针用短路环短接，则表示该行数值为"2"。通用编码公式为

$$编码地址号 = a×3^0+b×3^1+c×3^2+d×3^3+e×3^4$$

　　如图 7-5 所示短路环状态，其编码地址号 = $2×3^0+2×3^1+1×3^2 = 17$。

　　（2）电子编码

　　电子编码利用专用的电子编码器完成设备编码。电子编码通常适用于现代智能型设备中。智能型的现场设备进行电子编码操作非常简单，并且通常采用十进制编码。智能型现场设备不设编码口，直接在设备总线上实现编码。现以 GST-BMQ-1B 型电子编码器为例说明其使用方法。GST-BMQ-1B 型电子编码器的外形如图 7-6 所示。其中电源开关主要用于开机和关机。电子编码器通过总线插口与探测器或模块相连。当电子编码器由于长时间不使用而自动关机后，按下复位键可以使系统重新上电并进入工作状态。

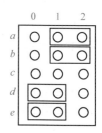

图 7-5　编码插针上的短路环状态

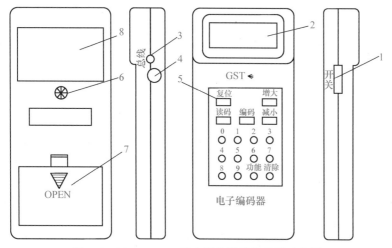

图 7-6　GST-BMQ-1B 型电子编码器的外形示意图
1—电源开关　2—液晶屏　3—总线插口　4—火灾显示盘接口
5—复位键　6—固定螺钉　7—电池盒盖　8—铭牌

电子编码器的使用

　　利用电子编码器读码和写码的过程如下：

　　1）开机后，屏幕显示"H002"，按下"清除"键，屏幕显示"0"，可以进行读码和写码操作。

　　2）读码时，将待测设备的总线端与电子编码器连接，按下"读码"键，屏幕显示"L"，开始读码。如果待测设备的已编地址为 2，则成功显示为"2"。如果读码失败，屏幕上将显示错误信息"E"，按"清除"键清除，屏幕显示"0"，回到待机状态。

　　3）写码时，按下"清除"键，屏幕显示"0"，可以进行写码操作。

4）输入地址编码，按下"编码"键，屏幕显示"P"开始写码。写码成功显示"P"，写码错误时显示"E"。按"清除"键清除，回到待机状态。

（3）自适应编码

自适应编码是通过控制器对现场设备进行在线设置的软编码方式。一旦整个消防报警系统通电开始运行，依靠现场编码设备与控制器间一套较为完善的通信协议以及一些硬件编码解码芯片的通信模式，自动生成所有探测器的各自地址，性能较其他编码方式更优越。

**（七）报警控制器的安装方法**

火灾报警控制器可分为台式、壁挂式和柜式三种类型。国产台式报警器型号为JB-QT，壁挂式为JB-QB，柜式为JB-QG。"JB"为报警控制器代号，"T""B""G"分别为台、壁、柜代号。

（1）台式报警器

台式报警器放在工作台上，外形尺寸如图7-7所示。长度 $L$ 和宽度 $W$ 为 $300\sim500\text{mm}$。容量（带探测器部位数）大者，外形尺寸大。

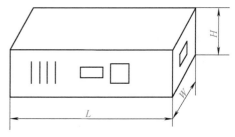

放置台式控制器的工作台有两种规格：一种长1.2m，另一种长1.8m，两边有3cm的侧板，当一个基本台不够用时，可将若干个基本台拼装起来使用。基本台式报警器的安装方法如图7-8所示。

（2）壁挂式区域报警器

壁挂式区域报警器是悬挂在墙壁上的。因此它的后箱板应该开有安装孔。报警器的安装尺寸如图7-9所示。

图 7-7 台式报警器外形图

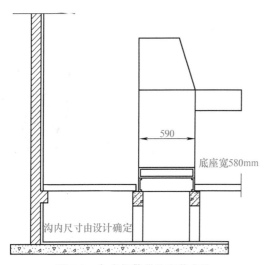

图 7-8 台式报警器的安装方法

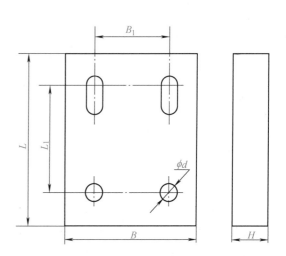

图 7-9 壁挂式区域报警器的安装尺寸

在安装孔处的墙壁上，土建施工时，预先埋好固定铁件（带有安装螺孔），并预埋好穿线钢管、接线盒等。一般进线孔在报警器上方，所以接线盒位置应在报警器上方，靠近报警器的地方。

安装报警器时，应先将电缆导线穿好，再将报警器放好，用螺钉紧固住，然后按接线要求接线。

一般壁挂式报警器箱长度 $L$ 为 $500\sim800$mm，宽度 $B$ 为 $400\sim600$mm，$B_1$ 为 $300\sim400$mm，孔径 $d$ 为 $10\sim12$mm，具体安装尺寸详见各厂家产品说明书。

（3）柜式区域报警器

柜式区域报警器外形尺寸如图 7-10 所示。

一般长 $L$ 约为 $500$mm，宽 $W$ 约为 $400$mm，高 $H$ 约为 $1900$mm。孔距 $L_1$ 为 $300\sim320$mm，$W_1$ 为 $320\sim370$mm，孔径 $d$ 为 $12\sim13$mm。柜式区域报警器安装在预制好的电缆沟槽上，底脚孔用螺钉紧固，然后按接线图接线。柜式报警器的安装方法如图 7-11 所示。

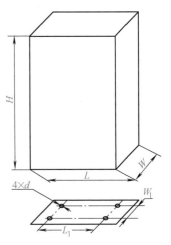

图 7-10　柜式区域报警器
外形尺寸图

柜式区域报警器容量比壁挂式大，接线方式一般与壁挂式相同，只是信号线、总线数量相应增多。柜式区域报警器用在每层探测部位多、楼层高、需要联动消防设备的场所。

**（八）控制器的接线方法**

报警控制器的接线是指使用线缆将其外部接线端子与其他设备连接起来，不同设备的外部接线端子会有一些差别，应根据设备的说明书进行接线。下面以 JB-QG-GST200 型汉字液晶显示火灾报警控制器为例介绍接线方法。

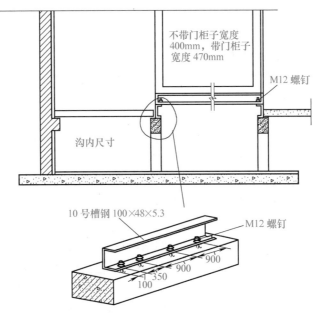

图 7-11　柜式区域报警器的安装方法

JB-QG-GST200 型汉字液晶显示火灾报警控制器（联动型）为柜式结构设计，其外部接线端子如图 7-12 所示。

其中：

L、G、N：AC 220V 接线端子及交流接地端子。

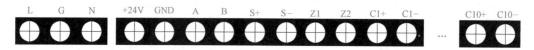

图7-12　JB-QG-GST200型火灾报警控制器外部接线端子示意图

+24V、GND：联动电源输出端子。

A、B：连接火灾显示盘的通信总线端子。

S+、S−：报警器输出，带检线功能，终端需接0.25W的4.7kΩ电阻，输出DC24V/0.15A。

Z1、Z2：无极性信号二总线端子。

C1+、C1−：多线制第1路输出端子，带检线功能，终端需接0.25W的4.7kΩ电阻。

C2+、C2−：多线制第2路输出端子，带检线功能，终端需接0.25W的4.7kΩ电阻。

……

C10+、C10−：多线制第10路输出端子，带检线功能，终端需接0.25W的4.7kΩ电阻。

**（九）消防报警系统接地装置的安装**

消防报警系统应有专用的接地装置。在消防控制室安装专用接地板。采用专用接地装置时，接地电阻不应大于4Ω；采用公用接地装置时，接地电阻不应大于1Ω。消防自动报警系统应设专用接地干线，它应采用铜芯绝缘导线，其总线截面积不应小于25mm²，专用接地干线宜穿管直接连接地体。由消防控制室专用接地极引至各消防电子设备的专用接地线应选用铜芯塑料绝缘导线，其总线截面积不应小于4mm²。系统接地装置安装时，工作接地线应采用铜芯绝缘导线或电缆，由消防控制室引至接地体的工作接地线，在通过墙壁时，应穿入钢管或其他坚硬的保护管。工作接地线与保护接地线必须分开。

**（十）控制器中设备定义的方法**

目前，国内外火灾报警控制器因在组网时采用的通信协议或采用的控制软件不同，在设置方法上也有一定的差异。现以国内应用量较大的GST产品为例，介绍控制器的设置方法。

（1）设备定义

设备定义就是对某一原始编码设备的现场编码进行设定。被定义的设备既可以是已经注册在控制器上的，也可以是未注册在控制器上的。

设备定义

控制器的外接现场设备包括火灾探测器、手动报警按钮、讯响器、联动模块和火灾显示盘等。这些外部设备均需要进行编码设定。这些设备的编码包含设备原始编码和现场编码两部分。

原始编码由该设备所在的回路号和自身的编码号组成。回路板和通信板的回路号是从1开始连续设置的。通过改变原始编码可选择不同的现场设备。现场编码包括：二次码、设备类型、设备特性、键值和设备注释。

二次码由六位0~9的数字组成，是人为定义，用来表达这个设备所在的特定现场环境的一组数。用户通过此编码可以很容易地知道被编码设备的位置，以及与位置相关的其他信息。对二次码推荐按如下规定进行设置：第1~2位对应设备所在的楼层号，取值范围为0~99。为方便建筑物地下部分设备的定义，规定地下一层为99，地下二层为98，依次类推。第3位对应设备所在的楼区号，取值范围为0~9。所谓楼区是指相对独立的建筑物。第4~6

位对应总线制设备所在的房间号或其他可以标识特征的编码。在火灾显示盘编码时，第4位为火灾显示盘工作方式设定位，第5~6位为特征标志位。

（2）设备类型

设备类型是人为为设备定义的两位数。在实际编码时，可以按照表7-1所示的设备类型定义输入两位数字。

表7-1 设备类型

| 代 码 | 设备类型 | 代 码 | 设备类型 | 代 码 | 设备类型 | 代 码 | 设备类型 |
|---|---|---|---|---|---|---|---|
| 00 | 未定义 | 21 | 新风机 | 42 | 干粉灭火 | 63 | |
| 01 | 离子感烟 | 22 | 防火阀 | 43 | 泡沫泵 | 64 | 雨淋阀 |
| 02 | 差定温 | 23 | 排烟阀 | 44 | 消防电源 | 65 | 感温棒 |
| 03 | 光电感烟 | 24 | 送风阀 | 45 | 紧急照明 | 66 | 故障输出 |
| 04 | 报警接口 | 25 | 电磁阀 | 46 | 疏导指示 | 67 | |
| 05 | 可燃气体 | 26 | 卷帘门中 | 47 | 喷洒指示 | 68 | 外控允许 |
| 06 | 红外对射 | 27 | 卷帘门下 | 48 | 防盗模块 | 69 | 外控禁止 |
| 07 | 紫外感光 | 28 | 防火门 | 49 | 信号蝶阀 | 70 | 备用指示 |
| 08 | 缆式感烟 | 29 | 压力开关 | 50 | 气压罐 | 71 | 门灯 |
| 09 | 模拟感温 | 30 | 水流指示 | 51 | 水幕泵 | 72 | 备用工作 |
| 10 | 复合探测 | 31 | 电梯 | 52 | 层号灯 | 73 | |
| 11 | 手动按钮 | 32 | 空调机组 | 53 | 设备停动 | 74 | |
| 12 | 消防广播 | 33 | 柴油发电 | 54 | 泵故障 | 80 | 水流指示（可报警） |
| 13 | 讯响器 | 34 | 照明配电 | 55 | 急起按钮 | | |
| 14 | 消防电话 | 35 | 动力配电 | 56 | 急停按钮 | 81 | 消火栓（可报警） |
| 15 | 消火栓 | 36 | 水幕电磁 | 57 | 雨淋泵 | | |
| 16 | 消火栓泵 | 37 | 气体启动 | 58 | 上位机 | 82 | 缆式感温（可报警）（无长显） |
| 17 | 喷淋泵 | 38 | 气体停止 | 59 | 回路 | | |
| 18 | 稳压泵 | 39 | 从机 | 60 | 空气压缩机 | | |
| 19 | 排烟机 | 40 | 火灾显示盘 | 61 | 联动电源 | | |
| 20 | 送风机 | 41 | 闸阀 | 62 | 多线制盘锁 | 83 | |

（3）设备特性

设备特性是对于模块设备进行输出控制方式选择的特性。00表示一般性脉冲输出控制方式模块；01表示一般性持续电平输出方式模块；02表示多线制联动控制点。对于设定灵敏度的探测器，此项为灵敏度级别，可根据产品的应用情况输入灵敏度值。

（4）键值

键值用于对系统中所带联动设备对应的手动消防启动盘上的启动键进行定义。这部分内容由六位数字组成，前两位表示手动消防启动盘的编号（1~4），每一回路板最多可外接4块手动消防启动盘，最后两位表示手动键号（1~64），每块消防启动盘上有64个按键。

（5）设备注释

设备注释表示该设备的位置或其他相关汉字提示信息。此项可输入最多20个字符。

### （十一） 自动联动公式的编辑方法

联动公式是用来定义系统中报警设备与被控设备间联动关系的逻辑表达式。当系统中的探测设备报警或控制模块的状态发生变化时，控制器可按照这些逻辑表达式自动对这些被控设备执行立即启动、延时启动或立即停止操作。联动公式由等号分成前后两部分，前面为条件，由二次码、设备类型及关系运算符组成，后面为将要联动的设备，由二次码、设备类型及延时启动时间组成。联动公式的格式和公式中各个部分的有效字符如图7-13所示。

联动公式

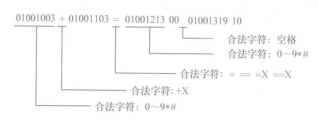

图 7-13 联动公式格式和有效字符图

图中公式表示：当010010号光电感烟探测器或010011号光电感烟探测器报警时，010012号讯响器立即启动，010013号排烟机延时100s启动。

对于该项目，联动公式可以表示为：******0*+******11=******1300，前面的6个星表示设备的二次码，后面的0*表示设备类型表里代码0~9的设备，11表示手动按钮，公式的意思是当系统探测到以上外部设备出现异常时，系统的讯响器就发出声光报警。联动编程完成后，还需对系统启动控制里面的手动和自动两项都允许才行，这样联动编程才算完成。

## 六、问题探究

火灾报警控制器是一种能为火灾探测器供电，将探测器收到的火灾信号接收、显示和传递，并能对自动消防等装置发出控制信号的报警装置。

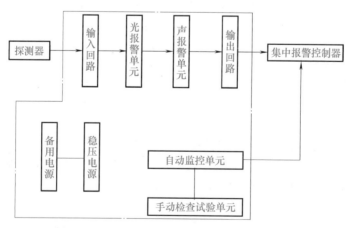

图 7-14 区域火灾报警控制器的电路原理方框图

### （一） 区域报警控制器的原理与功能

区域报警控制器是负责对一个报警区域进行火灾检测的自动工作装置。区域火灾报警控制器的电路原理如图 7-14 所示。

它由输入回路、光报警单元、声报警单元、自动监控单元、手动检查试验单元、输出回路和稳压电源、备用电源等电路组成。输入回路接收各火灾探测器送来的火灾报警信号或故障报警信号，由声光报警单元发出火灾报警声、光信号及显示火灾发生部位，并通过输出回路控制有关消防设备，当与集中报警器配合使用时，向集中报警控制器传送报警信号。自动监控单元起着监控各类故障的作用。利用手动检查试验单元，可以检查整个消防报警系统是否处于正常工作状态。备有直流备用电源，能在交流电源断电后确保报警器正常工作 24h以上。

区域火灾报警控制器的主要功能有：

（1）供电功能

供给火灾探测器稳定的工作电压，一般为 DC 24V，以保证火灾探测器能稳定可靠地工作。

（2）火警记忆功能

接收到火灾探测器发出的火灾报警信号后，除迅速准确地进行转换处理，以声、光形式报警，指示火灾发生的具体部位外，还要满足下列要求：立即予以记忆或打印，以防止随信号来源消失（如火灾探测器自行复原、探测器或探测器传输线被烧毁等）而消失；在火灾探测器的供电电源线被烧结短路时，也不应丢失已有的火灾信息，并能继续接收其他回路中的手动按钮或机械式火灾探测器送来的火灾报警信号。

（3）消声后再声响功能

在接收某一回路火灾探测器发来的火灾报警信号，发出声光报警信号后，可通过火灾报警控制器上的消声按钮人为消声。如果火灾报警控制器此时又接收到其他回路火灾探测器发来的火灾报警信号时，它仍能产生声光报警，以及时引起值班人员的注意。

（4）控制输出功能

具有一对以上的输出控制接点，供火警时切断空调通风设备的电源，关闭防火门或启动消防施救设备，以阻止火灾进一步蔓延。

（5）监视传输线断线功能

监控连接火灾探测器的传输导线，一旦发生断线情况，立即以区别于火警的声光形式发出故障报警信号，并指示故障发生的具体部位，以便及时维修。

（6）主、备电源自动切换功能

火灾报警控制器使用的主电源是交流 220V 市电，其直流备用电源一般为镍镉电池或铅酸免维护电池。当市电停电或出现故障时，能自动转换到备用电源上工作。当备用直流电源电压偏低时，能及时发出电源故障报警。

（7）熔丝烧断报警

火灾报警控制器中任何一根熔丝烧断时，能及时以各种形式发出故障报警。

（8）火警优先功能

火灾报警控制器接收到火灾报警信号时，能自动切除原先可能存在的其他故障报警信号，只进行火灾报警，以免造成值班人员的混淆。当火情排除后，人工将火灾报警控制器复位，若故障仍存在，将再次发出故障报警信号。

（9）手动检查功能

　　自动消防报警系统对火警和各类故障均进行自动监视。但平时该系统处于监视状态，在无火警、无故障时，使用人员无法知道这些自动监视功能是否完好，所以在火灾报警控制器上都设置了手动检查试验装置，可随时或定期检查系统各部分、各环节的电路和元器件是否完好无损，系统各种监控功能是否正常，以保证消防报警及联动系统处于正常工作状态。手动检查试验后，能自动或手动复位。

**（二）集中火灾报警控制器的原理与功能**

　　集中火灾报警控制器是一种能接收区域火灾报警控制器（包括相当于区域火灾报警控制器的其他装置）发来的报警信号的多路火灾报警控制器。它将所监视的各个探测区域内的区域报警控制器所输入的电信号以声、光形式显示出来，不仅具有区域报警器的功能，而且能向联动控制设备发出指令。集中火灾报警控制器电路原理框图如图 7-15 所示。

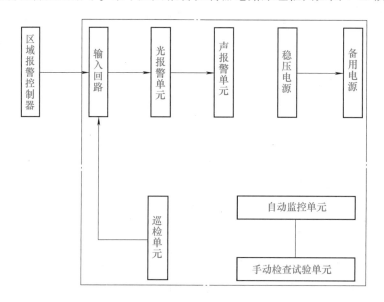

图 7-15　集中火灾报警控制器电路原理框图

　　它由输入单元、光报警单元、声报警单元、自动监控单元、手动检查试验单元和稳压电源、备用电源等电路组成。集中报警控制器是集中报警系统的总控设备。它接收来自区域报警器的火灾或故障报警信号，并发出总警报信号。它与区域报警控制器一样，也具有信号采样判别电路，火灾或故障显示、声响电路，电子时钟记忆电路，联动继电器动作电路等。除此之外，集中报警控制器还有两个独特功能：一个是具有巡检指令发出单元；另一个是具有总检指令发出单元。

　　巡检指令又称为层检指令，是由集中报警控制器发出，对位于各楼层（或防火分区）的区域报警控制器进行巡回检测，提供高电平的开门信号。同一时刻只有且仅有某层的巡检线是高电平时，该层的火灾或故障信号才能传送到集中报警控制器中进行报警。总检指令是故障检查指令，是集中报警控制器对各层（各个防火分区）的区域报警控制器发出的系统功能自检指令。当巡检指令到达某层的区域报警控制器时，如果没有火灾信号，则总检信号工作（全部总检组线依此工作），对应的被检查的层号和房号（或称部位号）灯点亮。如果灯不亮，则表示相应地址的探测线路和器件有故障。

集中火灾报警控制器能根据消防报警及联动系统的需求增设的辅助功能主要有以下几种：

（1）计时

用以记录火灾探测器发来的第一个火灾报警信号的时间，即火灾的发生时间，为公安消防部门调查起火原因提供准确的时间数据，一般采用数字电子钟产生时间信号，此电子钟平时可作为时钟使用。

（2）打印

一般采用微型打印机将火灾或故障发生的时间、部位、性质及时做好文字记录，以便查阅。

（3）电话

当火灾报警控制器接收火警信号后，能自动接通专用电话线路，以便及时通信联络，核查火警真伪，并及时向主管部门或公安消防部门报告，尽快组织灭火力量，采取各种有效措施，减少各种损失。

（4）事故广播

在发生火灾时，用以指挥人员疏散和扑救工作。

**（三）区域火灾报警控制器与集中火灾报警控制器的主要区别**

区域火灾报警控制器和集中报警控制器在其组成和工作原理上基本相似，但也有以下几点区别：

1）区域火灾报警控制器控制范围小，可单独使用。而集中火灾报警控制器是负责整个系统的，不能单独使用。

2）区域火灾报警控制器的信号来自各种探测器，而集中火灾报警控制器的输入一般来自区域报警控制器。

3）区域火灾报警控制器必须具备自检功能，而集中火灾报警控制器应有自检及巡检两种功能。出于上述区别，故使用时两者不能混用，当探测区域小时可单独使用一台区域火灾报警控制器组成火灾自动报警系统，但集中报警控制器不能代替区域火灾报警控制器而单独使用。

**（四）火灾报警控制器的安装要求**

1）设备安装前土建工作应具备下列条件：屋顶、楼板施工完毕，不得有渗漏；结束室内地面工作；预埋件及预留孔符合设计要求，预埋件应牢固；门窗安装完毕；进行装饰工作时有可能损坏已安装设备或设备安装后不能再进行施工的装饰工作全部结束。

2）控制器在墙上安装时，其底边距地（楼）面高度不应小于1.5m，落地安装时，其底边宜高出地坪0.1~0.2m。区域报警控制器安装在墙上时，靠近其门轴的侧面距墙不应小于0.5m；正面操作距离不应小于1.2m。集中报警控制器需从后面检修时，其后面距墙不应小于1m；当其一侧靠墙安装时，另一侧距墙不应小于1m；正面操作距离，当设备单列布置时不应小于1.5m，双列布置时不应小于2m；在值班人员经常工作的一面，控制盘距墙不应小于3m。

3）控制器应安装牢固，不得倾斜；安装在轻质墙上时，应采取加固措施。

4）引入控制器的电缆或导线，应符合下列要求：配线应整齐，避免交叉，并应固定牢靠；电缆芯线和所配导线的端部，均应标明编号，并与图样一致，字迹清晰，不易褪色；与控制器的端子板连接应使控制器的显示操作规则、有序；端子板的每个接线端，接线不得超过两根；电缆芯和导线，应留有不小于20cm的余量；导线应绑扎成束；导线引入线管穿线后，在进线管处应封堵。

5）控制器的主电源引入线，应直接与消防电源连接，严禁使用电源插头，主电源应有明显标志。

6）控制器的接地应牢固，并有明显标志。

7）消防控制设备在安装前，应进行功能检查，不合格者，不得安装。

8）消防控制设备的外接导线，当采用金属软管作套管时，其长度不宜大于2m，且应采用管卡固定，其固定点间距不应大于0.5m。金属软管与消防控制设备的接线盒（箱），应采用螺母固定，并应根据配管规定接地。

9）消防控制设备外接导线的端部，应有明显标志。

10）消防控制设备盘（柜）内不同电压等级、不同电流类别的端子应分开，并有明显标志。

11）消防控制室接地电阻值应符合下列要求：工作接地电阻值不应大于4Ω；采用联合接地时，接地电阻值不应大于1Ω。

12）当采用联合接地时，应用专用接地干线，由消防控制室引至接地体。专用接地干线应用铜芯绝缘电线或电缆，其线芯截面积不应小于16mm²。工作接地线应采用铜芯绝缘导线或电缆，不得利用镀锌扁钢或金属软管。

13）由消防控制室接地板引至各消防设备的接地线应选用铜芯绝缘软线，其线芯截面积不应小于4mm²。

14）由消防控制室引至接地体的接地线在通过墙壁时，应穿入钢管或其他坚固的保护管。接地线跨越建筑物伸缩缝、沉降缝处时，应加设补偿器，补偿器可用接地线本身弯成弧状代替。

15）工作接地线与保护接地线必须分开，保护接地线导体不得用金属软管代替。

16）接地装置施工完毕后，应及时作隐蔽工程验收。验收应包括下列内容：测量接地电阻，并作记录；查验应提交的技术文件；审查施工质量。

## 七、知识拓展与链接

### （一）消防报警系统安装时的质量问题及解决方法（表7-2）

表7-2 消防报警系统安装时的质量问题及解决方法

| 序号 | 质量问题 | 解决方法 |
|---|---|---|
| 1 | 探测器及手动报警器的盒子有破损、盒子安装得过深或不牢固等 | 将盒子收平齐,安装牢固,如有不合格现象应及时修理 |
| 2 | 导线编号混乱,颜色不统一 | 应根据产品技术说明书的要求,按编号进行查线,并将标注清楚的异型端子编号管装牢,相同回路的导线应颜色一致 |
| 3 | 导线压接松动、反圈,绝缘电阻值低 | 应重新将压接不牢的导线压接牢固;反圈的应按顺时针方向调整过来;绝缘电阻值低于标准值的应找出原因,否则不准投入使用 |

（续）

| 序号 | 质 量 问 题 | 解 决 方 法 |
|---|---|---|
| 4 | 安装位置距墙、吊顶不符合要求 | 应按照《火灾自动报警系统施工与验收规范》的要求执行 |
| 5 | 探测器与灯位、通风口等安装位置互相干扰 | 应同设计人员及有关方面进行协商 |
| 6 | 端子箱固定不牢固,暗装箱贴脸四周有破口、不贴墙 | 应重新将端子箱不牢固、贴脸破损等处进行修复,损坏严重应重新更换。与墙壁不能完全贴合时,应检查墙面是否平整,修平后再装端子箱 |
| 7 | 压接导线时,对遥测各回路的绝缘电阻时造成调试困难 | 应拆开压接导线重新进行复核,直到准确无误为止 |
| 8 | 基础槽钢不平直,超过允许误差 | 槽钢安装前应进行调直,刷好防锈漆,再配合土建施工,找好水平后固定牢固 |
| 9 | 柜、盘、箱的平直度超出允许误差 | 应及时纠正 |
| 10 | 柜(盘)、箱的接地导线截面不符合要求、压接不牢 | 应按要求选用接地导线,压接时应配好防松垫圈且压接牢固,并做明显接地标记,以便于检查 |
| 11 | 探测器、柜、盘、箱等被浆活污染 | 应将其清理干净 |
| 12 | 运行中出现误报 | 应检查接地电阻值是否符合要求、是否有虚接现象,直到调试正常为止 |

### （二）消防自动报警系统主要国内品牌

#### 1. 海湾消防

海湾集团是中国领先的火灾探测报警及灭火系统供应商。自 1993 年成立以来,海湾已经成为中国消防行业内的市场领导品牌。

#### 2. 利达消防

北京利达集团成立于 1990 年,是一家致力于人类安全与环境保护的多元化经营企业。主要业务有火灾报警控制系统、气体灭火系统、火灾电气漏电报警系统。

#### 3. 青鸟消防

北大青鸟环宇消防设备股份有限公司成立于 2001 年 6 月。公司专业从事火灾自动报警及联动控制系统、电气火灾监控系统、燃气探测报警系统、气体灭火系统等消防安全产品的研究、开发、生产、销售、服务及相关业务。

#### 4. 赋安消防

深圳市赋安安全系统有限公司成立于 1984 年,是国内最早研发、制造火灾报警产品的专业企业。公司已发展成为集火灾报警、电气火灾监控、燃气报警技术服务的综合型企业。

#### 5. 松江消防

上海松江飞繁电子有限公司成立于 1985 年。依靠自身的不断努力,完成了六代火灾自动报警控制系统产品的开发研制,为市场提供了 2000 多万只优质的传感器,以及 10 万多套火灾报警控制器和其他配套设备。

#### 6. 泛海三江消防

深圳市泛海三江电子有限公司创立于 1985 年,属中国泛海控股集团旗下高科技公司,是国内从事火灾报警、智能楼宇和视频监控设备的研发、生产、销售及工程设计安装的知名专业设备制造商。

### 7. 泰和安消防

深圳市泰和安消防设备有限公司是一家专业从事消防产品研发、生产、销售和服务的国家级高新技术企业。在全国设有 150 余家销售及售后服务机构，为客户提供高效、便捷的服务。

### 8. 国泰怡安消防

北京国泰怡安电子有限公司自 1992 年成立以来一直致力于消防电子产品的研发、生产、销售和服务。1995 年通过了 ISO 9002 质量体系认证，并于 2002 年率先通过了 ISO 9001（2000 版）质量体系认证。

### 9. 奥瑞那消防

深圳奥瑞那光子技术有限公司组建于 1995 年 9 月，公司主要产品有智能型火灾自动报警控制系统、城市（行业）消防远程监控系统、消防联动设备控制系统、气体灭火控制系统和电气火灾监控系统。

### 10. 依爱消防

蚌埠依爱消防电子有限责任公司于 1995 年成立，隶属于中国电子科技集团公司第四十一研究所，是专业从事消防报警系统研制、开发、生产、安装和服务的高新技术企业，是我国重要的消防电子设备研发、制造基地。

## 八、质量评价标准

项目质量考核要求及评分标准见表 7-3。

表 7-3 项目质量考核要求及评分标准

| 考核项目 | 考核要求 | 配分 | 评分标准 | 扣分 | 得分 | 备注 |
|---|---|---|---|---|---|---|
| 安装过程 | 1. 现场设备编码正确<br>2. 控制器安装符合规范<br>3. 接线正确<br>4. 控制中设备定义正确<br>5. 联动编程正确<br>6. 系统能够正常运行 | 100 | 1. 现场设备编码错误，每处扣 5 分<br>2. 控制器安装不符合规范，每处扣 3 分<br>3. 接线错误，每处扣 3 分<br>4. 设备定义错误，每处扣 3 分<br>5. 联动编程错误，扣 10 分<br>6. 系统不能正常工作扣 20 分 | | | |
| 安全生产 | 自觉遵守安全文明生产规程 | | 1. 每违反一项规定，扣 3 分<br>2. 发生安全事故，按 0 分处理 | | | |
| 时间 | 小时 | | 提前正确完成，每 5 分钟加 2 分<br>超过定额时间，每 5 分钟扣 2 分 | | | |
| 开始时间： | | 结束时间： | | 实际时间： | | |

## 九、项目总结与回顾

通过该项目的学习，请简要描述消防报警系统的构成和工作原理。

## 习 题

### 1. 填空题

（1）控制器在墙上安装时，其底边距地（楼）面高度不应小于_____，落地安装时，其底宜高出地坪 0.1~0.2m。区域报警控制器安装在墙上时，靠近其门轴的侧面距墙不应小于_____；正面操作距离不应小于_____。集中报警控制器需从后面检修时，其后面距墙不应小于_____；当其一侧靠墙安装时，另一侧距墙不应小于_____；正面操作距离，当设备单列布置时不应小于_____，双列布置时不应小于_____；在值班人员经常工作的一面，控制盘距墙不应小于_____。

（2）消防控制室工作接地电阻值不应大于_____。采用联合接地时，接地电阻值不应大于_____。

（3）接地装置施工完毕后，应及时作隐蔽工程验收。验收应包括_____；_____；_____。

### 2. 判断题

（1）区域报警控制器平时巡回检测该报警区域内各部位探测器的工作状态，发现火灾信号或故障信号后，及时发出声光报警信号。　　　　　　　　　　　　（　）

（2）同一时刻只有某层的巡检线是低电平，该层的火灾或故障信号才能传送到集中报警控制器中进行报警。　　　　　　　　　　　　　　　　　　　　　（　）

（3）消防控制设备盘（柜）内不同电压等级、不同电流类别的端子应分开，并有明显标志。　　　　　　　　　　　　　　　　　　　　　　　　　　　　　　（　）

（4）系统接地装置安装时，工作接地线应采用铜芯绝缘导线或电缆，由消防控制室引至接地体的工作接地线，在通过墙壁时，应穿入钢管或其他坚硬的保护管。工作接地线与保护接地线必须分开。　　　　　　　　　　　　　　　　　　　　　　　　　（　）

### 3. 单选题

（1）_____是故障检查指令，是集中报警控制器对各层（各个防火分区）的区域报警控制器发出的系统功能自检指令。

A. 总检指令　　　B. 巡检指令　　　C. 自检指令　　　D. 故障指令

（2）_____是由集中报警控制器发出，对位于各楼层（或防火分区）的区域报警控制器进行巡回检测，提供高电平的开门信号。

A. 总检指令　　　B. 巡检指令　　　C. 自检指令　　　D. 故障指令

### 4. 论述题

（1）简述火灾报警控制器的分类方法。
（2）简述区域火灾报警控制器和集中火灾报警控制器的主要功能。
（3）区域火灾报警控制器与集中火灾报警控制器的主要区别是什么？
（4）简述 JB-QG-GST200 火灾报警控制器外部接线端子的作用。
（5）火灾报警控制器的安装要求有哪些？
（6）简述台式、壁挂式和柜式三种区域报警器的安装方法。
（7）简述总线隔离器的主要作用及安装方法。
（8）简述声光迅响器、火灾显示盘的安装方法。
（9）简述消防控制器的接地要求。

# 项目八　火灾应急广播系统的安装

## 一、学习目标

1. 掌握火灾应急广播系统的构成和功能。
2. 掌握火灾应急广播系统的安装要求和方法。
3. 掌握火灾应急广播系统的设置与编程方法。

## 二、项目导入

火灾应急广播系统主要用来通知人员疏散及发布灭火指令。当建筑物为高层建筑时，为了避免造成混乱，火灾应急广播不应采用整幢大楼同时广播的方式，而应按疏散程序控制事故广播的有关楼层。

## 三、学习任务

### （一）项目任务

本项目的任务是将一只火灾探测器、一只手动报警按钮、一只声光报警器、两套消防广播系统、一只总线隔离器和一台消防报警控制器按图 8-1 的方式连接起来，通过完成现场设备的编码和火灾报警控制的设置，构成一个简单消防广播系统。当没有火灾报警时，两套广播系统都可以进行正常广播；当手动报警按钮按下时，第 1 套广播系统广播；当探测器报警时第 2 套广播系统工作。通过项目的实施掌握消防广播系统的施工方法。

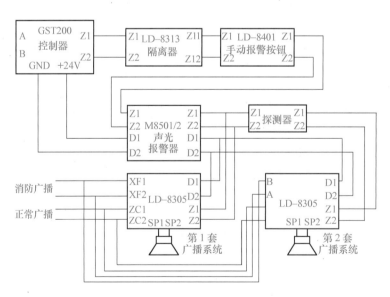

图 8-1　项目系统图

## （二）任务流程图

本项目的任务流程如图 8-2 所示。

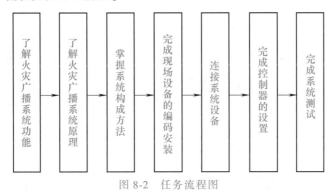

图 8-2　任务流程图

## 四、实施条件

要完成该项目，首先必须有一个安装施工的场地，并准备一只火灾探测器、一只手动报警按钮、一台编码器、一只声光报警器、两只编码切换模块（GST-LD-8305）、一套音源（录放机卡座、传声器）、一台前置放大器、一台功率放大器、两只现场扬声器（8Ω、4W）、一只总线隔离器、一台消防报警控制器、连线及安装工具等。

## 五、操作指导

### （一）火灾应急广播系统的构成

（1）独立的火灾应急广播

这种系统配置了专用的功率放大器、分路控制盘、音频传输网络及扬声器。发生火灾时，由值班人员发出控制指令，接通功率放大器电源并按消防程序启动相应楼层的火灾事故广播分路，如图 8-3 所示。

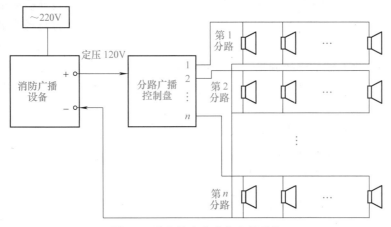

图 8-3　独立的火灾应急广播系统

（2）火灾应急广播与广播音响系统合用

在这种系统中，广播室内应设有一套火灾应急广播专用的功率放大器及分路控制盘，音频传输网络及扬声器共用。火灾事故广播功率放大器的开机及分路控制指令由消防控制中心输出，通过强拆器中的继电器切除广播音响而接通火灾事故广播，将火灾事故广播送入相应的分路，其分路应与消防报警分区相对应。

利用具有切换功能的联动模块，可将现场的扬声器接入消防控制室的总线上，由正常广播和消防广播送来的音频信号，分别通过此联动模块的无源常闭触点和无源常开触点接在扬声器上。火灾发生时，联动模块根据消防控制室发出的信号，无源常闭触点打开，切除正常广播；无源常开触点闭合，接入消防广播，实现消防强切功能。一个广播区域可由一个联动模块控制，如图 8-4 所示。

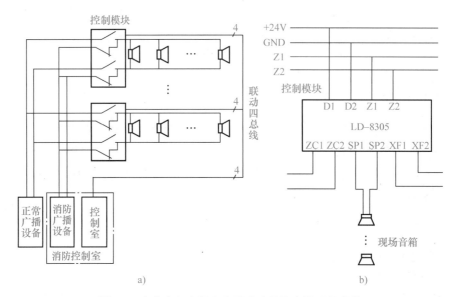

图 8-4　火灾应急广播与广播音响系统合用时的安装

a）控制原理图　b）模块接线图

图 8-4 中，Z1、Z2 为信号二总线连接端子，D1、D2 为电源二总线连接端子，ZC1、ZC2 为正常广播输入端子，XF1、XF2 为消防广播输入端子，SP1、SP2 为与扬声器连接的输出端子。

**（二）火灾广播系统的安装施工**

1）本项目采用的是火灾应急广播与广播音响系统合用方式，按照图样完成系统的连接。

2）按照项目七介绍的方法对现场设备进行编码。

3）按照项目七的方法对设备进行定义。

4）按项目七方法完成联动设备编程。

5）测试系统。

## 六、问题探究

**（一）火灾应急广播系统的控制要求**

1）应急广播系统的联动控制信号应由消防联动控制器发出。当确认火灾后，应急广播系统首先向全楼或建筑（高、中、低）分区的火灾区域发出火灾警报；然后向着火层和相邻层进行应急广播；再依次向其他非火灾区域广播；3min 内应能完成对全楼的应急广播。

2）火灾应急广播的单次语音播放时间宜为 10~30s，并应与火灾声警报器分时交替工作，可连续广播两次。同时设有火灾应急广播和火灾声警报装置的场所，应采用交替工作的方式。火灾声警报器单次工作时间宜为 8~20s，火灾应急广播单次工作时间宜为 10~30s，可采取 1 次火灾声警报器工作，2 次火灾应急广播工作的交替工作方式。

3）消防控制室应显示处于应急广播状态的广播分区和预设广播信息。

4）消防控制室应手动或按照预设控制逻辑自动控制、选择广播分区，启动或停止应急广播系统。并且能在传声器进行应急广播时，自动对广播内容进行录音。

**（二）火灾应急广播系统的设置要求**

1）控制中心报警系统应设置火灾应急广播，集中报警系统宜设置火灾应急广播。

2）火灾应急广播扬声器的设置，应符合下列要求：

① 民用建筑内扬声器应设置在走道和大厅等公共场所。每个扬声器的额定功率不应小于 3W，其数量应能保证从一个防火分区内的任何部位到最近一个扬声器的距离不大于 25m。走道内最后一个扬声器至走道末端的距离不应大于 12.5m。

② 在环境噪声大于 60dB 的场所设置的扬声器，在其播放范围内最远点的播放声压级应高于背景噪声 15dB。

③ 客房设置专用扬声器时，其功率不宜小于 1.0W。

3）壁挂扬声器的底边距地面高度应大于 2.2m。

**（三）火灾应急广播系统的调试要求**

1）以手动方式在消防控制室对所有广播分区进行选区广播，对所有共用扬声器进行强行切换；应急广播应以最大功率输出。

2）对扩音机和备用扩音机进行全负荷试验，应急广播的语音应清晰。

3）对接入联动系统的消防应急广播设备系统，使其处于自动工作状态，然后按设计的逻辑关系，检查应急广播的工作情况，系统应按设计的逻辑广播。

4）任意一个扬声器断路，其他扬声器的工作状态不应受影响。

## 七、知识拓展与链接

**（一）关于阻抗匹配与阻尼系数问题**

阻抗匹配是指功率放大器的额定输出阻抗，与配接音箱的额定阻抗相一致。阻抗匹配是要求作为负载的音箱（扬声器）阻抗不应小于放大器的额定负载阻抗。功率放大器的额定输出阻抗与配接音箱的额定阻抗相一致时，功率放大器处于最佳设计负载状态，因此可以给出最大不失真功率。如果音箱的额定阻抗大于功率放大器的额定输出阻抗，功率放大器的实际输出功率将小于额定输出功率。如果音箱的额定阻抗小于功率放大器的额定输出阻抗，音响系统能工作，但功率放大器有过载的危险，要求功率放大器有完善的过电流保护措施，对电子管功率放大器来讲，阻抗匹配要求更严格。

阻尼系数 $KD$=功率放大器额定输出阻抗（等于音箱额定阻抗）/功率放大器内阻。由于功率放大器输出内阻实际上已成为音箱的电阻尼器件，$KD$ 值便决定了音箱的电阻尼量。实践表明，当阻尼系数较小时，扬声器低频特性、输出声压频率特性、高次谐波失真特性均会变差。阻尼系数过大，对实际性能的影响并不显著。因此，比较一致的看法是阻尼系数应在 10~100 之间。

### （二）关于功率匹配问题

功率放大器与音箱功率配置的具体标准是在一定的阻抗条件下，功率放大器功率应大于音箱功率，但不能太大。在一般应用场所，功率放大器的不失真率应是音箱额定功率的 1.2~1.5 倍；而在大动态场合则应该是 1.5~2 倍。参照这个标准进行配置，既能保证功率放大器处于最佳状态工作，又能保证音箱安全，从而使音箱和功率放大器工作在稳定状态。

## 八、质量评价标准

项目质量考核要求及评分标准见表 8-1。

表 8-1 项目质量考核要求及评分标准

| 考核项目 | 考核要求 | 配分 | 评分标准 | 扣分 | 得分 | 备注 |
|---|---|---|---|---|---|---|
| 安装过程 | 1. 现场设备编码正确<br>2. 接线正确<br>3. 控制中设备定义正确<br>4. 联动编程正确<br>5. 系统能够正常运行 | 100 | 1. 现场设备编码错误，每处扣 5 分<br>2. 接线错误，每处扣 3 分<br>3. 设备定义错误，每处扣 3 分<br>4. 联动编程错误，扣 10 分<br>5. 系统不能正常工作扣 20 分 | | | |
| 安全生产 | 自觉遵守安全文明生产规程 | | 1. 每违反一项规定，扣 3 分<br>2. 发生安全事故，按 0 分处理 | | | |
| 时间 | 小时 | | 提前正确完成，每 5 分钟加 2 分<br>超过定额时间，每 5 分钟扣 2 分 | | | |
| 开始时间： | | | 结束时间： | | 实际时间： | |

## 九、项目总结与回顾

你在项目实施过程中遇到了哪些问题？是如何解决的？

习　题

### 1. 填空题

（1）民用建筑内扬声器应设置在走道和大厅等公共场所，其数量应能保证从本楼层任何部位到最近一个扬声器的步行距离不超过_____ m，走道内最后一个扬声器至走道末端的距离不应超过_____ m。每个扬声器的额定功率不应小于_____ W。

（2）在环境噪声大于 60dB 的场所设置的扬声器，在其播放范围内最远点的播放声压级应高于背景噪声_____ dB，按此来确定扬声器的额定功率。

（3）壁挂扬声器的底边距地面高度应大于_____ m。

（4）在一般应用场所，功率放大器的不失真率应是音箱额定功率的_____倍左右；而在大动态场合则应该是_____倍左右。

### 2. 判断题

（1）发生火灾时，火灾应急广播应及时向整个建筑物发出警报。　　　　　　（　　）

（2）当火灾事故广播与音响系统合用时，应能在火灾发生时强制转入火灾事故广播。

（　　）

（3）当阻尼系数较大时，扬声器低频特性、输出声压频率特性、高次谐波失真特性均会变差。

（　　）

### 3. 单选题

（1）当确认火灾后，应急广播系统应能在_____min 内完成对全楼的应急广播。

    A. 1　　　　　　B. 3　　　　　　C. 5　　　　　　D. 10

（2）在一定的阻抗条件下，功率放大器功率应_____音箱功率。

    A. 大于　　　　　B. 小于　　　　　C. 等于　　　　　D. 小于等于

### 4. 问答题

（1）火灾应急广播系统的构成有哪两种方法？

（2）火灾应急广播系统的调试要求是什么？

（3）火灾应急广播系统的设置要求是什么？

（4）火灾应急广播系统的控制要求是什么？

（5）系统的联动控制公式是什么？

# 项目九  消防专用电话系统的安装

## 一、学习目标

1. 掌握消防专用电话系统的构成和功能。
2. 掌握消防专用电话系统的安装要求和方法。
3. 掌握消防专业电话系统的设置与编程方法。

## 二、项目导入

　　建筑内部的消防电话系统是一种消防专用的通信系统，它通常与自动报警系统并行安装。通过消防电话系统可迅速实现对火灾的人工确认，并可及时掌握火灾现场情况及进行其他必要的通信联络，便于指挥灭火及疏散工作。消防专业电话是与普通电话分开的独立系统，一般采用集中式对讲电话或选择共电式电话总机，主机设在消防控制室，分机分设在其他各个部位。

## 三、学习任务

### （一）项目任务

　　本项目的任务是按图 9-1 所示的系统图，将消防电话主机与多个消防电话分机连接起来，实现分机与主机、主机与分机以及分机之间的通信。

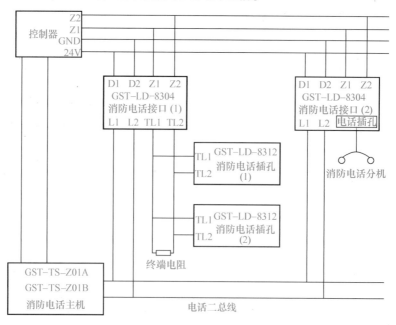

图 9-1  项目系统图

**（二）任务流程图**

本项目的任务流程如图 9-2 所示。

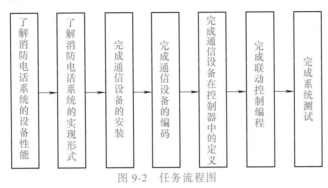

图 9-2　任务流程图

了解消防电话系统的设备性能 → 了解消防电话系统的实现形式 → 完成通信设备的安装 → 完成通信设备的编码 → 完成通信设备在控制器中的定义 → 完成联动控制编程 → 完成系统测试

## 四、实施条件

要完成该项目，首先必须有一个安装施工的场地，并准备一台消防电话主机（GST-TS-Z01A/GST-TS-Z01B）、两只多提式消防电话分机、一台编码器、两只编码切换模块（GST-LD-8304）、两只电话分析插孔（GST-LD-8312）、一台消防报警控制器、连线及安装工具等。

## 五、操作指导

**（一）消防电话主机的安装**

GST-TS-Z01A/GST-TS-Z01B 型消防电话总机是消防通信专用设备，当发生火灾报警时，可由它提供方便快捷的通信手段。它是消防控制及其报警系统中不可缺少的通信设备。主要具有以下特点：

1）每台总机可以连接最多 512 路消防电话分机或 51200 个消防电话插孔。

2）总机采用液晶图形汉字显示，通过显示汉字菜单及汉字提示信息，非常直观地显示各种功能操作及通话呼叫状态，使用非常便利。

3）在总机前面板上设计有 15 路的呼叫操作键，和现场电话分机形成一对一的按键操作，使得呼叫通话操作非常直观方便。

4）总机中使用了固体录音技术，可存储呼叫通话记录。

本消防电话总机采用标准插盘结构安装，其后部接口示意图如图 9-3 所示。

其中接线为机壳地与机架的地端相接；DC 24V 电源输入接 DC 24V；RS485 接控制器与火灾报警控制器相连接；消防电话总线与 GST-LD-8304 接口连接。

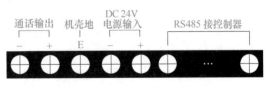

图 9-3　消防电话总机的接口

布线要求：通话输出端子接线采用截面积 ≥1.0mm² 的阻燃 RVVP 屏蔽线，最大传输距离为 1500m。特别注意：现场布线时，总线通话线必须单独穿线，不要同控制器总线同管穿线，否则会对通话声产生很大的干扰。

**（二）消防电话插孔的安装**

GST-LD-8312 型消防电话插孔是非编码设备，主要用于将手提消防电话分机连入消防电话系统。消防电话插孔需通过 GST-LD-8304 型消防电话接口接入消防电话系统，不能直接接入消防电话总线。多个电话插孔可并联使用，接线方便、灵活。每只消防电话接口最多可连接 100 只消防电话插孔。电话插孔安装采用进线管预埋方式，取下电话插孔的红色盖板，用螺钉或自攻螺钉将电话插孔安装在 86H50 型预埋盒上，安装孔距为 60mm，安装好红色盖板，安装方式如图 9-4 所示。

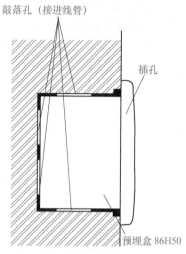

图 9-4  GST-LD-8304 型消防电话
接口的安装方式

电话插孔对外端子为 TL1、TL2，是消防电话线与 GST-LD-8304 型连接的端子。端子 XT1 为电话线输入端，端子 XT2 为电话线输出端，接下一个电话插孔，最末端电话插孔 XT2 接线端子接 4.7kΩ 终端电阻。终端电阻起到断线检测的作用，一旦断线，就会回馈信号给主机，上报故障。TL1、TL2 采用截面积 $\geq 1.0\text{mm}^2$ 的阻燃 RVVP 屏蔽线。

**（三）消防电话接口模块的安装**

GST-LD-8304 型消防电话接口主要用于将手提/固定消防电话分机连入总线制消防电话系统。GST-LD-8304 型消防电话接口是一种编码接口，占用一个编码点，与火灾报警控制器进行通信实现消防电话总机和消防电话分机的驳接，同时也实现了消防电话总线断、短检线功能。当消防电话分机的话筒被提起，消防电话分机通过消防电话接口自动向消防电话总机请求接入，接收请求后，由火灾报警控制器向该接口发出启动命令，将消防电话分机接入消防电话总线。当消防电话总机呼叫时，通过火灾报警控制器向电话接口发启动命令，电话接口将消防电话总线接到消防电话分机。

GST-LD-8304 型消防电话接口可连接一台固定消防电话分机或最多连接 100 个消防电话插孔。可通过四线水晶头插座直接连接 GST-TS-100A 型固定电话分机，通过连接 TL1、TL2 端子的电话线连接 GST-LD-8312 型消防电话插孔。多个电话插孔可并接在此电话线上。GST-LD-8304 型消防电话接口的对外端子示意图如图 9-5 所示。其中：

图 9-5  GST-LD-8304 型消防电话接口
对外端子示意图

Z1、Z2：接火灾报警控制器两总线，无极性。

D1、D2：DC 24V 电源，无极性。

TL1、TL2：与 GST-LD-8312 型连接的端子。

L1、L2：消防电话总线，无极性。

布线要求：Z1、Z2 采用截面积 $\geq 1.0\text{mm}^2$ 的阻燃 RVS 双绞线，DC 24V 电源线采用截面积 $\geq 1.5\text{mm}^2$ 的阻燃 BV 线，TL1、TL2、L1、L2 采用截面积 $\geq 1.0\text{mm}^2$ 的阻燃 RVVP 屏蔽线。

## 六、问题探究

**（一）专用电话系统的设置要求**

1）消防专用电话网络应为独立的消防通信系统。

2）消防控制室应设置消防专用电话总机。

3）多线制消防专用电话系统中的每个电话分机应与总机单独连接。

4）电话分机或电话插孔的设置，应符合下列规定：

① 消防水泵房、发电机房、配变电室、计算机网络机房、主要通风和空调机房、防排烟机房、灭火控制系统操作装置处或控制室、企业消防站、消防值班室、总调度室、消防电梯机房及其他与消防联动控制有关的且经常有人值班的机房应设置消防专用电话分机。消防专用电话分机应固定安装在明显且便于使用的部位，并应有区别于普通电话的标识。

② 设有手动火灾报警按钮或消火栓按钮等处，宜设置电话插孔，并宜选择带有电话插孔的手动火灾报警按钮。

③ 各避难层应每隔 20m 设置一个消防专用电话分机或电话插孔。

④ 电话插孔在墙上安装时，其底边距地面高度宜为 1.3~1.5m。

5）消防控制室、消防值班室或企业消防站等处，应设置可直接报警的外线电话。

**（二）专用电话系统的安装要求**

1）消防电话、电话插孔、带电话插孔的手动报警按钮宜安装在明显、便于操作的位置；当在墙面上安装时，其底边距地（楼）面高度宜为 1.3~1.5m。

2）消防电话和电话插孔应有明显的永久性标识。

**（三）消防电话系统的调试要求**

1）在消防控制室与所有消防电话、电话插孔之间互相呼叫与通话，总机应能显示每部分机或电话插孔的位置，呼叫铃声和通话语音应清晰。

2）消防控制室的外线电话与另外一部外线电话模拟报警电话通话，语音应清晰。

3）检查群呼、录音等功能，各项功能均应符合要求。

## 七、知识拓展与链接

消防电话系统按设备构成分为总线制和多线制两种方式。该项目主要介绍了总线制消防电话系统的安装方法。现对多线制消防电话系统作一简单介绍。

在多线制消防电话系统中，每一部固定式消防电话分机占用消防电话主机的一路，采用独立的两根线与消防电话主机连接。消防电话插孔可并联使用，并联的数量不受限制；并联的电话插孔仅占用消防电话主机的一路。多线制消防电话系统中主机与分机、分机与分机间的呼叫、通话等均由主机自身控制完成。多线制消防电话系统的布线方案如图 9-6 所示。

图 9-6　多线制消防电话系统的布线方案

## 八、质量评价标准

项目质量考核要求及评分标准见表 9-1。

表 9-1　项目质量考核要求及评分标准

| 考核项目 | 考核要求 | 配分 | 评分标准 | 扣分 | 得分 | 备注 |
| --- | --- | --- | --- | --- | --- | --- |
| 安装过程 | 1. 设备安装正确<br>2. 设备编码正确<br>3. 接线正确<br>4. 控制中设备定义正确<br>5. 联动编程正确<br>6. 系统能够正常运行 | 100 | 1. 设备安装错误，每处扣 5 分<br>2. 设备编码错误，每处扣 5 分<br>3. 接线错误，每处扣 3 分<br>4. 设备定义错误，每处扣 3 分<br>5. 联动编程错误，扣 10 分<br>6. 系统不能正常工作扣 20 分 | | | |

（续）

| 考核项目 | 考核要求 | 配分 | 评分标准 | 扣分 | 得分 | 备注 |
|---|---|---|---|---|---|---|
| 安全生产 | 自觉遵守安全文明生产规程 | | 1. 每违反一项规定,扣3分<br>2. 发生安全事故,按0分处理 | | | |
| 时间 | 小时 | | 提前正确完成,每5分钟加2分<br>超过定额时间,每5分钟扣2分 | | | |
| 开始时间: | | 结束时间: | | 实际时间: | | |

## 九、项目总结与回顾

你觉得消防电话系统的主要作用是什么？你在项目实施过程中遇到了哪些问题？是如何解决的？

习　　题

**1. 填空题**

（1）建筑内部的消防电话系统是一种_____的通信系统，它通常与_____并行安装。

（2）消防电话系统按设备构成分为_____和_____两种方式。

（3）在多线制消防电话系统中，每一部固定式消防电话分机占用消防电话主机的_____路。

（4）消防专用电话网络应为独立的_____系统。消防控制室、消防值班室或企业消防站等处应设置_____的外线电话。

**2. 判断题**

（1）现场布线时，总线通话线必须单独穿线，不要同控制器总线同管穿线，否则会对通话声产生很大的干扰。　　　　　　　　　　　　　　　　　　　　　　　（　　）

（2）GST-LD-8304型消防电话接口主要用于将手提/固定消防电话分机连入多线制消防电话系统。　　　　　　　　　　　　　　　　　　　　　　　　　　　　　　（　　）

（3）在多线制消防电话系统中，采用独立的两根线与消防电话主机连接。消防电话插孔可并联使用，并联的数量不受限制。　　　　　　　　　　　　　　　　　　　（　　）

**3. 问答题**

（1）消防电话插孔的安装要求是什么？

（2）消防电话接口模块的主要功能是什么？

（3）手动报警按钮和消火栓启动按钮处为什么要设置电话孔塞？

（4）消防专用电话系统的设置要求是什么？

（5）多线制消防电话系统与总线制消防电话系统的主要差别是什么？

# 项目十 应急照明与疏散指示标志的安装

## 一、学习目标

1. 掌握火灾应急照明与疏散指示标志的安装布置要求。
2. 掌握火灾应急照明与疏散指示标志的安装方法。
3. 掌握火灾应急照明与疏散指示标志的控制方法。

## 二、项目导入

应急照明与疏散标志：突然停电或发生火灾而断电时，需在重要的房间或建筑的主要通道维持一定程度的照明，保证人员迅速疏散和对事故的及时处理。高层建筑、大型建筑及人员密集的场所（如商场、体育场等），必须设置应急照明和疏散标志。

## 三、学习任务

### （一）项目任务

本项目的任务是按图 10-1 所示的系统图建立应急照明系统，在手动报警按钮按下或探测器报警时能紧急启动应急照明系统，同时要掌握应急照明、疏散指示照明设备的安装要求和方法。

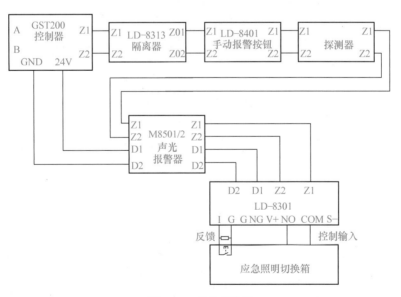

图 10-1 项目系统图

### （二）任务流程图

本项目的任务流程如图 10-2 所示。

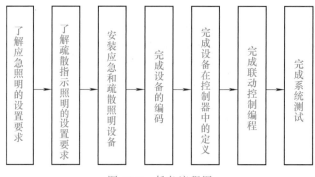

图 10-2　任务流程图

## 四、实施条件

要完成该项目,首先必须有一个安装施工的场地,并准备一只火灾探测器、一只手动报警按钮、一台编码器、一只讯响器、一只输入/输出模块（GST-LD-8301）、一个应急照明切换箱、一个应急照明电源、一只总线隔离器、一台消防报警控制器（联动型）、若干疏散标志灯、应急安全标志灯、连线及安装工具等。

## 五、操作指导

### （一）疏散指示标志的安装

疏散指示标志灯应设玻璃或其他非燃烧材料制作的保护罩。疏散指示标志灯的布置方法如图10-3所示。箭头表示疏散方向。疏散指示标志灯的点亮方式有两种:一种平时不亮,当遇到火灾时接收指令,按要求分区或全部点亮;另一种平时即点亮,兼作平时出入口的标志。无自然采光的地下室等处,通常采用平时点亮方式。

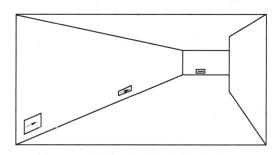

图 10-3　疏散指示标志灯的布置方法

疏散指示标志灯分大、中、小三种,可以按应用场所的不同进行选择。安装方式主要有明装直附式、明装悬吊式和暗装式三种。室内走廊、门厅等处的壁面或棚面可安装标志灯,可明装直附、悬吊或暗装。一般新建筑（与土建一起施工）多采用暗装（壁面）,旧建筑改造可使用明装方式,靠墙上方可用直附式,正面通道上方可采用悬吊式。疏散指示标志灯的安装方法如图10-4所示。

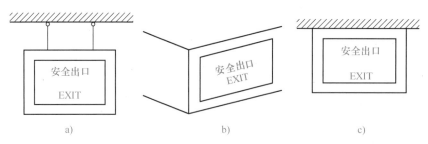

图 10-4　疏散指示标志灯的安装方法
a）悬吊式　b）暗装式　c）顶棚直附式

### （二）应急照明的安装

应急照明的工作方式可分为专用和混用两种。专用的应急照明灯平时不点亮，事故发生后立即自动点亮；混用照明灯与正常工作照明一样，平时即点亮，作为工作照明的一部分。混用应急照明灯往往装有照明开关，必要时需在火灾事故发生后强行点亮。高层住宅的楼梯间照明兼作应急疏散照明，通常楼梯灯采用定时自熄开关（为了节约用电），因此需在发生事故时强行点亮。其接线如图 10-5 所示。

## 六、问题探究

### （一）消防应急照明和疏散指示标志的设置要求

1）除建筑高度小于 27m 的住宅建筑外，民用建筑、厂房和丙类仓库的下列部位应设置疏散照明。

① 封闭楼梯间、防烟楼梯间及其前室、消防电梯间的前室或合用前室、避难走道、避难层（间）。

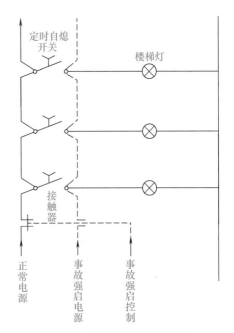

图 10-5　楼梯定时自熄开关的事故强行点亮示意图

② 观众厅、展览厅、多功能厅和建筑面积大于 200m² 的营业厅、餐厅、演播室等人员密集的场所。

③ 建筑面积大于 100m² 的地下或半地下公共活动场所。

④ 公共建筑内的疏散走道。

⑤ 人员密集的厂房内的生产场所及疏散走道。

2）建筑内疏散照明的地面最低水平照度应符合下列规定。

① 对于疏散走道，不应低于 1.0lx。

② 对于人员密集场所、避难层（间），不应低于 3.0lx；对于病房楼或手术部的避难间，不应低于 10.0lx。

③ 对于楼梯间、前室或合用前室、避难走道，不应低于 5.0lx。

3）消防控制室、消防水泵房、自备发电机房、配电室、防排烟机房以及发生火灾时仍需正常工作的消防设备房应设置备用照明，其作业面的最低照度不应低于正常照明的照度。

4）疏散照明灯具应设置在出口的顶部、墙面的上部或顶棚上；备用照明灯具应设置在墙面的上部或顶棚上。

5）公共建筑、建筑高度大于 54m 的住宅建筑、高层厂房（库房）和甲、乙、丙类单、多层厂房，应设置灯光疏散指示标志，并应符合下列规定。

① 应设置在安全出口和人员密集的场所的疏散门的正上方。

② 应设置在疏散走道及其转角处距地面高度 1.0m 以下的墙面或地面上。灯光疏散指示标志的间距不应大于 20m；对于袋形走道，不应大于 10m；在走道转角区，不应大于 1.0m。

6）下列建筑或场所应在疏散走道和主要疏散路径的地面上增设能保持视觉连续的灯光疏散指示标志或蓄光疏散指示标志。

① 总建筑面积大于 8000m² 的展览建筑。

② 总建筑面积大于 5000m² 的地上商店。

③ 总建筑面积大于 $500m^2$ 的地下或半地下商店。

④ 歌舞、娱乐、放映、游艺、场所。

⑤ 座位数超过 1500 个的电影院、剧场，座位数超过 3000 个的体育馆、会堂或礼堂。

**（二） 消防应急照明和疏散指示标志的备用电源连续时间**

1） 建筑高度大于 100m 的民用建筑，不应小于 1.5h。

2） 医疗建筑、老年人建筑、总建筑面积大于 $100000m^2$ 的公共建筑和总建筑面积大于 $20000m^2$ 的地下、半地下建筑，不应少于 1.0h。

3） 其他建筑，不应少于 0.5h。

**（三） 消防应急照明和疏散指示系统的联动控制设计**

1） 消防应急照明和疏散指示系统的联动控制设计，应符合下列规定。

① 集中控制型消防应急照明和疏散指示系统，应由火灾报警控制器或消防联动控制器启动应急照明控制器实现。

② 集中电源非集中控制型消防应急照明和疏散指示系统，应由消防联动控制器联动应急照明集中电源和应急照明分配电装置实现。

③ 自带电源非集中控制型消防应急照明和疏散指示系统，应由消防联动控制器联动消防应急照明配电箱实现。

2） 当确认火灾后，由发生火灾的报警区域开始，顺序启动全楼疏散通道的消防应急照明和疏散指示系统，系统全部投入应急状态的启动时间不应大于 5s。

**（四） 消防应急照明和疏散指示系统的防护等级**

1） 系统的各个组成部分应有防护等级要求，外壳防护等级不应低于 GB/T 4208—2017 规定的 IP30 要求，且应符合其标称的防护等级要求。

2） 安装在室内地面的消防应急灯具外壳防护等级不应低于 GB/T 4208—2017 规定的 IP54，安装在室外地面的灯具外壳防护等级应不低于 GB/T 4208—2017 规定的 IP67，且应符合其标称的防护等级。

**（五） 消防应急照明和疏散指示系统的性能要求**

1） 系统持续主电工作 48h 后每隔 $(30\pm2)$ d 应能自动由主电工作状态转入应急工作状态并持续 30~180s，然后自动恢复到主电工作状态。

2） 系统持续主电工作每隔一年应能自动由主电工作状态转入应急工作状态并持续至放电终止，然后自动恢复到主电工作状态，持续应急工作时间不应少于 30min。

3） 系统的应急转换时间不应大于 5s；高危险区域使用系统的应急转换时间不应大于 0.25s。

4） 自带电源型和子母型消防应急灯具具有以下性能。

① 消防应急灯具用应急电源盒的状态指示灯、模拟主电故障及控制关断应急工作输出的自复式试验按钮（开关或遥控装置），应设置在与其组合灯具的外露面，状态指示灯可采用一个三色指示灯，灯具处于主电工作状态时亮绿色，充电状态时亮红色，故障状态或不能完成自检功能时亮黄色。

② 子母型灯具的子母灯具之间连接线的线路压降不应超过母灯具输出端电压的 3%。

5） 集中电源型灯具（地面安装的灯具和集中控制型灯具除外）应设主电和应急电源状态指示灯，主电状态用绿色，应急状态用红色。主电和应急电源共用供电线路的灯具可只用红色指示灯。

6）应急照明集中电源应设主电、充电、故障和应急状态指示灯，主电状态用绿色，故障状态用黄色，充电状态和应急状态用红色。

7）应急照明配电箱在应急转换时，应保证灯具在 5s 内转入应急工作状态，高危险区域的应急转换时间不大于 0.25s。

## 七、知识拓展与链接

### （一）消防电源及其配电要求

1）下列建筑物、储罐（区）和堆场的消防用电应按一级负荷供电。

① 建筑高度大于 50m 的乙、丙类厂房和丙类仓库。

② 一类高层民用建筑。

2）下列建筑物、储罐（区）和堆场的消防用电应按二级负荷供电。

① 室外消防用水量大于 30L/s 的厂房（仓库）。

② 室外消防用水量大于 35L/s 的可燃材料堆场、可燃气体储罐（区）和甲、乙类液体储罐（区）。

③ 粮食仓库及粮食筒仓。

④ 二类高层民用建筑。

⑤ 座位数超过 1500 个的电影院、剧场，座位数超过 3000 个的体育馆，任一层建筑面积大于 3000m 的商店和展览建筑，省（市）级及以上的广播电视、电信和财贸金融建筑，室外消防用水量大于 25L/s 的其他公共建筑。

3）除 1）、2）外的建筑物、储罐（区）和堆场等的消防用电，可按三级负荷供电。

4）消防用电按一、二级负荷供电的建筑，当采用自备发电设备作为备用电源时，自备发电设备应设置自动和手动启动装置。当采用自动启动方式时，应能保证在 30s 内供电。不同级别负荷的供电电源应符合现行国家标准《供配电系统设计规范》（GB 50052—2009）的规定。

5）消防用电设备应采用专用的供电回路，当建筑内的生产、生活用电被切断时，应仍能保证消防用电。备用消防电源的供电时间和容量，应满足该建筑火灾延续时间内各消防用电设备的要求。

6）消防控制室、消防水泵房、防烟和排烟风机房的消防用电设备及消防电梯等的供电，应在其配电线路的最末一级配电箱处设置自动切换装置。

7）按一、二级负荷供电的消防设备，其配电箱应独立设置；按三级负荷供电的消防设备，其配电箱宜独立设置。消防配电设备应设置明显标志。

### （二）消防电梯的设置要求

1）下列建筑应设置消防电梯。

① 建筑高度大于 33m 的住宅建筑。

② 一类高层公共建筑和建筑高度大于 32m 的二类高层公共建筑。

③ 设置消防电梯的建筑地下或半地下室，埋深大于 10m 且总建筑面积大于 3000m 的地下或半地下建筑（室）。

2）消防电梯应分别设置在不同防火分区内，且每个防火分区不应少于 1 台。相邻两个防火分区可共用 1 台消防电梯。

3）建筑高度大于 32m 且设置电梯的高层厂房（仓库），每个防火分区内宜设置 1 台消防电梯，但符合下列条件的建筑可不设置消防电梯：

① 建筑高度大于 32m 且设置电梯，任一层工作平台上的人数不超过 2 人的高层塔架。

② 局部建筑高度大于 32m，且局部高出部分的每层建筑面积不大于 50m$^2$ 的丁、戊类厂房。

4）符合消防电梯要求的客梯或货梯可兼作消防电梯。

## 八、质量评价标准

项目质量考核要求及评分标准见表 10-1。

表 10-1　项目质量考核要求及评分标准

| 考核项目 | 考核要求 | 配分 | 评分标准 | 扣分 | 得分 | 备注 |
|---|---|---|---|---|---|---|
| 安装过程 | 1. 设备安装正确<br>2. 设备编码正确<br>3. 接线正确<br>4. 控制中设备定义正确<br>5. 联动编程正确<br>6. 系统能够正常运行 | 100 | 1. 设备安装错误，每处扣 5 分<br>2. 设备编码错误，每处扣 5 分<br>3. 接线错误，每处扣 3 分<br>4. 设备定义错误，每处扣 3 分<br>5. 联动编程错误，扣 10 分<br>6. 系统不能正常工作扣 20 分 | | | |
| 安全生产 | 自觉遵守安全文明生产规程 | | 1. 每违反一项规定，扣 3 分<br>2. 发生安全事故，按 0 分处理 | | | |
| 时间 | 小时 | | 提前正确完成，每 5 分钟加 2 分<br>超过定额时间，每 5 分钟扣 2 分 | | | |
| 开始时间： | | 结束时间： | | 实际时间： | | |

## 九、项目总结与回顾

火灾时，应急照明与疏散指示标志的作用是什么？你在项目实施过程中遇到了哪些问题？是如何解决的？

习　　题

**1. 填空题**

（1）疏散指示标志灯的安装方式主要有_____、_____和_____三种。

（2）对于建筑内的疏散走道，疏散照明的地面照度不应低于_____lx。

（3）观众厅、展览厅、多功能厅，建筑面积大于_____m$^2$ 的营业厅、餐厅、演播室等人员密集的场所，建筑面积大于_____m$^2$ 的地下或半地下公共活动场所应设置疏散照明。

（4）系统的应急转换时间不应大于_____s；高危险区域使用的系统的应急转换时间不应大于_____s。

**2. 判断题**

（1）一般新建筑（与土建一起施工）多采用暗装（壁面），旧建筑改造可使用明装方式，靠墙上方可用直附式，正面通道上方可以悬吊式。　　　　　　　　　　（　　）

(2) 防、排烟控制箱，手动报警按钮，手动灭火装置处，应设置疏散照明。　　（　　）

(3) 在所有一类公共建筑中，都应设置消防电梯。　　（　　）

### 3. 单选题

(1) 在高度超过_____的其他二类公共建筑中，应设置消防电梯。

　　A. 8m　　　　　　　B. 16m　　　　　　　C. 32m　　　　　　　D. 64m

(2) 消防电梯应分别设置在不同防火分区内，且每个防火分区不应少于_____台。

　　A. 1　　　　　　　B. 2　　　　　　　C. 3　　　　　　　D. 4

### 4. 问答题

(1) 专用和混用火灾应急照明的主要差别是什么？

(2) 消防应急照明和疏散指示标志的设置要求是什么？

(3) 不同场合，消防应急照明和疏散指示标志的备用电源连续时间是多少？

(4) 消防应急照明和疏散指示系统的联动控制设计要求是什么？

(5) 疏散指示标志的设置目的和设置部位是什么？

(6) 哪些建筑物、储罐（区）和堆场的消防用电应按一级负荷供电？

# 项目十一  防排烟设备联动控制系统的安装

## 一、学习目标

1. 掌握防排烟设备的工作原理。
2. 掌握防排烟设备的控制方法。
3. 掌握防排烟设备控制系统的安装方法。

## 二、项目导入

智能建筑中防烟设备的作用是防止烟气侵入疏散通道，而排烟设备的作用是消除烟气大量积累并防止烟气扩散到疏散通道。因此防排烟设备及其控制系统是消防报警及联动控制系统的重要组成部分。防排烟系统一般有自然排烟、机械排烟、自然与机械排烟并用或机械加压送风排烟四种方式。机械防烟系统由加压送风风机、加压送风口、加压送风风道和余压阀组成。机械排烟系统由防烟垂壁、排烟口、排烟道、排烟阀、排烟防火阀及排烟风机等组成。

## 三、学习任务

### （一）项目任务

本项目的任务是按图 11-1 所示的系统图，在安装好防排烟设备后，将有关设备纳入联动控制系统中。当探测器报警或手动报警按钮按下时，能打开排烟阀、排烟口和送风口，同时启动排烟风机和送风风机。

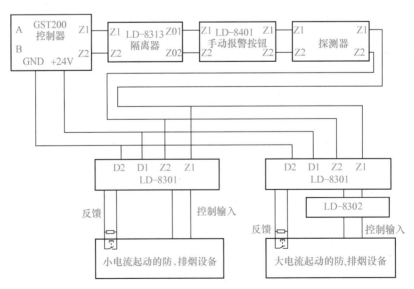

图 11-1  项目系统图

## (二) 任务流程图

本项目的任务流程如图 11-2 所示。

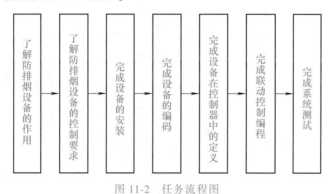

图 11-2 任务流程图

流程图文字：了解防排烟设备的作用 → 了解防排烟设备的控制要求 → 完成设备的安装 → 完成设备的编码 → 完成设备在控制器中的定义 → 完成联动控制编程 → 完成系统测试

## 四、实施条件

要完成该项目，首先必须有一个安装施工的场地，并准备一套由排烟风机、排烟口、排烟阀和排烟道组成的排烟设备，一套由送风风机、送风口、送风道和余压阀组成的防烟设备，一台编码器，六只输入/输出模块（GST-LD-8301），两只切换模块（GST-LD-8302），一只总线隔离器，一只探测器，一只手动报警按钮和一台消防报警控制器（联动型），连线及安装工具等。

## 五、操作指导

### (一) 排烟口或送风口的安装与控制

排烟口、送风口外形示意图、电路图和安装示意图如图 11-3 所示。图中的排烟口、送风口内部为阀门，可通过感烟信号联动、手动或温度熔断器使之瞬时开启，外部为百叶窗。感烟信号联动是由 DC 24V、0.3A 电磁铁执行，联动信号可来自现场烟感探测器，也可来自消防控制室的联动控制盘，也可用手动拉绳开启阀门的手动操作。阀门打开后，其联动开关接通信号回路，可向控制室返回阀门已开启的信号或连锁控制其他装置。执行机构的电路中，当温度熔断器更换后，阀门可手动复位。

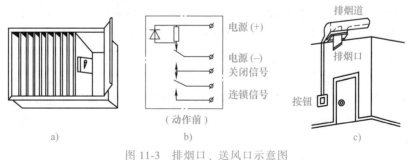

电源(+)
电源(-)
关闭信号
连锁信号
（动作前）

排烟道
排烟口
按钮

a)          b)          c)

图 11-3 排烟口、送风口示意图

a) 外形示意图　b) 电路图　c) 安装示意图

### (二) 排烟阀的安装与控制

排烟阀应用于排烟系统的风管上，平时处于关闭状态，火灾发生时，探测器发出火警信号，控制中心输出 DC 24V 电源，使排烟阀开启，通过排烟口进行排烟。图 11-4 所示为排烟阀示意图。图 11-5 所示为排烟阀安装图。

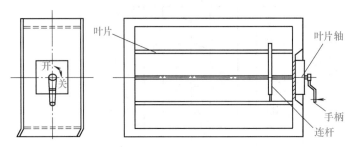

图 11-4　排烟阀示意图

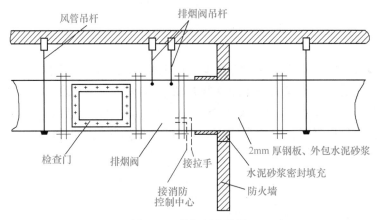

图 11-5　排烟阀安装图

### （三）排烟风机与送风机的安装与控制

排烟风机有离心式和轴流式两种类型。在排烟系统中一般采用离心式风机。排烟风机在构造性能上具有一定的耐燃性和隔热性，以保证输送烟气的温度在 280℃ 时能够正常连续运行 30min 以上。排烟风机的位置一般设于该风机所在的防火分区的排烟系统中最高排烟口的上部，并设在该防火分区的风机房内。风机外缘与风机房墙壁或其他设备的间距应保持在 0.6m 以上。排烟风机设有备用电源，且能自动切换。排烟风机的启动采用自动控制方式，启动装置与排烟系统中每个排风口联锁，即在该排烟系统的任何一个排烟口开启时，排烟风机都能自动启动。

### （四）余压阀的安装与控制

为保证防烟楼梯间及前室、消防电梯前室和合用前室的正压值，防止正压值过大而导致门难以推开，需要在防烟楼梯间与前室、前室与走道之间设置余压阀以保证其正压间的正压差不超过 50Pa。

### （五）LD-8302 型切换模块的安装

LD-8302 型模块专门用来与 LD-8301 型模块配合使用，实现对现场大电流（直流）起动设备的控制及交流 220V 设备的转换控制，以防由于使用 LD-8301 型模块直接控制设备造成将交流电源引入控制系统总线的危险。本模块为非编码模块，不可直接与控制器总线连接，只能由 LD-8301 模块控制。模块具有一对常开、常闭输出触点，容量为 DC 24V、5A，AC 220V、5A。模块的驱动交流设备的接线如图 11-6 所示。图中 NC、COM、NO 为常闭、常开控制触点输出端子；0、G 为有源 DC 24V 控制信号输入端子。各端子的外接线均采用 BV 线，截面积 $\geqslant 2.5\text{mm}^2$。

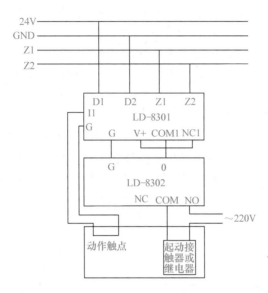

图 11-6　LD-8302 型模块驱动交流设备的接线图

## 六、问题探究

　　排烟风机的控制电路：排烟风机的控制电路如图 11-7 所示。图中主电路通入三相交流 380V 电源（应为专用消防电源），经刀开关 QK、和熔断器 FU1、接触器 KM 的常开触点、热继电器 KH 给排风机 M 供电。控制电路中 SA 为具有三个状态的转换开关，图示位置为停止状态。当 SA 转到自动位置时，只要联动触点 SG1 闭合（火灾时），接触器 KM 线圈就会通电动作，其常开触点闭合，排烟风机起动运行。SG1 联动触点是排烟阀打开时触动的微动开关上的常开触点（火灾时闭合）。SG2 联动触点是通风管路中防火阀联动的微动开关上的常闭触点。火灾时，防火阀关闭，微动开关复位，常闭触点断开。当 SA 转到手动位置时，按常开按钮 SB1，接触器 KM 线圈通电动作，排烟风机起动运行。按动停止按钮 SB2 时，排烟风机停转。HL 是排烟风机通电工作时的指示灯。图中转换开关 SA 及按钮 SB1、SB2、动作应答指示灯 HL 也可安装在消防控制室内的工作台上。

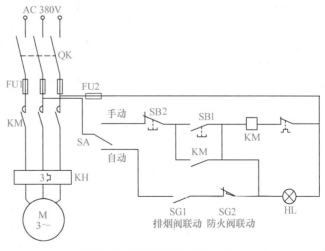

图 11-7　排烟风机的控制电路

## 七、知识拓展与链接

### (一) 防烟垂壁的安装与控制

防烟垂壁的示意图如图 11-8 所示。图中，防烟垂壁锁由 DC 24V、0.9A 电磁线圈及弹簧锁等组成，平时用它将防烟垂壁锁住，火灾时可通过自动控制或手柄操作使垂壁降下。自动控制时，从感烟探测器或联动控制盘发出指令信号，电磁线圈通电把弹簧锁的销子拉进去，开锁后防烟垂壁受重力的作用靠滚珠的滑动而落下。手动控制时，操作手动杆也可使弹簧锁的销子拉回开锁，防烟垂壁落下。把防烟垂壁升回原来位置即可复原，用锁将防烟垂壁固定住。

### (二) 排烟窗的安装与控制

排烟窗的示意图如图 11-9 所示。排烟窗平时关闭，用排烟窗锁 (也可用于排烟门) 锁住，在火灾时可通过自动控制或手动操作将窗打开。自动控制时，感烟探测器或联动控制盘发出指令信号接通电磁线圈，弹簧锁的锁头偏移，利用排烟窗的重力 (或排烟门的回转力) 打开烟窗 (或排烟门)。手动操作是把手动操作柄扳倒，弹簧锁的锁头偏移而打开排烟窗 (或排烟门)。

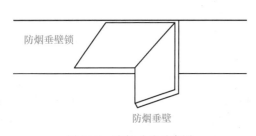

图 11-8　防烟垂壁示意图

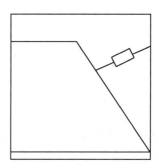

图 11-9　排烟窗示意图

## 八、质量评价标准

项目质量考核要求及评分标准见表 11-1。

表 11-1　项目质量考核要求及评分标准

| 考核项目 | 考核要求 | 配分 | 评分标准 | 扣分 | 得分 | 备注 |
|---|---|---|---|---|---|---|
| 安装过程 | 1. 设备安装正确<br>2. 设备编码正确<br>3. 接线正确<br>4. 控制中设备定义正确<br>5. 联动编程正确<br>6. 系统能够正常运行 | 100 | 1. 设备安装错误，每处扣 5 分<br>2. 设备编码错误，每处扣 5 分<br>3. 接线错误，每处扣 3 分<br>4. 设备定义错误，每处扣 3 分<br>5. 联动编程错误，扣 10 分<br>6. 系统不能正常工作扣 20 分 | | | |
| 安全生产 | 自觉遵守安全文明生产规程 | | 1. 每违反一项规定，扣 3 分<br>2. 发生安全事故，按 0 分处理 | | | |
| 时间 | 小时 | | 提前正确完成，每 5 分钟加 2 分<br>超过定额时间，每 5 分钟扣 2 分 | | | |
| 开始时间： | | 结束时间： | | 实际时间： | | |

## 九、项目总结与回顾

你在项目实施过程中遇到了哪些问题？是如何解决的？

### 习　　题

**1. 填空题**

（1）防排烟系统一般有_____、_____、_____和_____四种方式。

（2）机械防烟系统由_____、_____、_____和_____组成。

（3）机械排烟系统由_____、_____、_____、_____、排烟防火阀及排烟风机等组成。

（4）排烟风机在构造性能上具有一定的耐燃性和隔热性，以保证输送烟气的温度在_____℃时能够正常连续运行_____min以上。

**2. 判断题**

（1）在排烟系统中，一般采用轴流式风机。　　　　　　　　　　　　　（　）

（2）排烟风机装置的位置一般设于该风机所在的防火分区的排烟系统中最高排烟口的上部，并设在该防火分区的风机房内。　　　　　　　　　　　　　　　　　（　）

（3）排烟阀应用于排烟系统的风管上，平时处于开启状态。　　　　　　（　）

**3. 单选题**

（1）为防止正压值过大而导致门难以推开，需要在防烟楼梯间与前室、前室与走道之间设置余压阀以控制其正压间的正压差不超过_____Pa。

　　A. 25　　　　　　B. 30　　　　　　C. 45　　　　　　D. 50

（2）排烟风机外缘与风机房墙壁或其他设备的间距应保持在_____m以上。

　　A. 0.1　　　　　B. 0.3　　　　　C. 0.6　　　　　D. 1

**4. 问答题**

（1）排烟口和送风的控制方式有哪些？

（2）排烟风机应具备什么样的构造性能？

（3）余压阀的主要作用是什么？

（4）防排烟系统设置的目的是什么？

（5）防烟和排烟系统各由哪些设备组成？

# 项目十二　防火隔离设施联动控制系统的安装

## 一、学习目标

1. 掌握防火卷帘门的安装与控制方法。
2. 掌握防火门与防火窗的安装控制方法。
3. 掌握防火水幕、防火阀等的安装与控制方法。

## 二、项目导入

防火隔离设施是指在一定时间内阻止火势蔓延，且能把建筑内部空间分隔成若干较小的防火空间的物体。

要对各种建筑物进行防火分区，必须通过防火分隔设施来实现。用耐火极限较高的防火隔离设施把成片的建筑物或较大的建筑空间分隔、划分成若干较小防火空间。一旦某一分区内发生火灾，在一定时间内不至于向外蔓延扩大，如此控制火势，为扑救火灾创造良好条件。

常用的防火隔离设施有防火门、防火窗、防火卷帘、防火水幕等。

## 三、学习任务

### （一）项目任务

本项目的任务是按图 12-1 所示的系统图，在安装好防火卷帘门后，能根据其起动电流的大小，选择一种方法将其纳入联动控制系统中。同时要了解其他防火隔离设施的安装与控制方法。

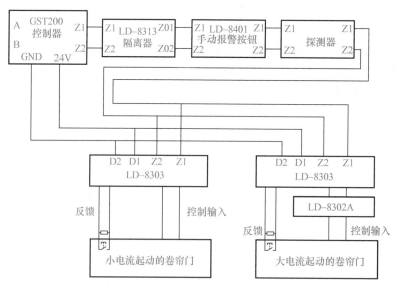

图 12-1　项目系统图

## （二）任务流程图

本项目的任务流程如图 12-2 所示。

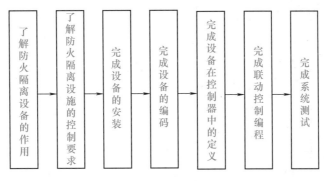

图 12-2　任务流程图

## 四、实施条件

　　要完成该项目，首先必须有一个安装施工的场地，并准备一套防火卷帘门系统设备、一套防火门系统设备、一套防火窗系统设备、一套防火水幕设备，一台编码器、四只双输入/双输出模块（GST-LD-8303）、两只双动作切换模块（GST-LD-8302A）、一只总线隔离器、一只探测器、一只手动报警按钮和一台消防报警控制器（联动型）、连线及安装工具等。

## 五、操作指导

### （一）防火卷帘的安装与控制

　　防火卷帘门的安装示意图如图 12-3 所示。防火卷帘门设置于建筑物中防火分区通道口处。火灾发生时，可根据消防控制室、探测器指令或手动操作使卷帘门下降至一定点，水幕同步供水，接收关闭信号后经延时使卷帘降至地面，以达到人员紧急疏散、灾区隔火、隔烟、控制火灾蔓延的目的。卷帘电动机的规格一般为三相 380V，0.55~1.5kW，一般视门体大小而定。防火卷帘门的控制电路如图 12-4 所示。

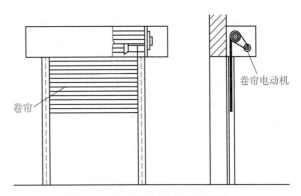

图 12-3　防火卷帘门安装示意图

　　图 12-4 中主电路通入三相交流 380V 电源（应为专用消防电源），经刀开关 QK 和熔断器 FU1 接入电路，使用两个接触器 KM1 和 KM2，分别控制卷帘门电动机的正转（卷帘门下降）和反转（卷帘门回升）。

　　控制电路中交流 220V 电源经旋转组合开关 S 和熔断器 FU2 接入电路。火灾时，来自火灾报警器的感烟联动常开触点 KJ1 自动闭合，中间继电器 KA 线圈通电动作，其常开触点闭合，指示灯 HL 和声响警报器 HA 发出声光报警。还可以利用 KA 的一个常开触点作为防火卷帘门动作的应答信号，返回给消防控制室，使相应的应答指示灯点亮（图中未画出）。利

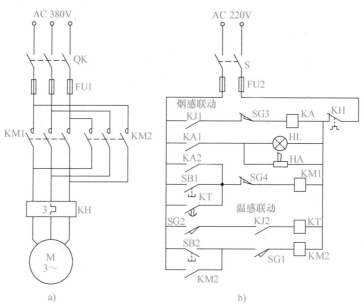

图 12-4 防火卷帘门的控制电路

a) 主电路 b) 控制电路

用 KA 的常开触点 KA2 的闭合，接触器 KM1 线圈通电动作，其常开触点闭合，电动机转动，带动卷帘门下降，当卷帘门下降碰触到行程开关 SG1 时，其常开触点闭合。卷帘门继续下降到距离地面 1.3m 处时，碰触到行程开关 SG2 时，其常开触点闭合（但时间继电器 KT 还没有通电），卷帘门继续下降很快会碰触到微动行程开关 SG3，其常闭触点断开，中间继电器 KA 线圈断电，其常开触点打开，接触器 KM1 线圈断电，其常开触点打开，电动机停转，卷帘门停止下降，人员可以从门下部疏散撤出。

当来自火灾报警控制器的感温触点 KJ2 闭合时，时间继电器 KT 线圈通电延时动作（最长延时可达 5min，视具体产品型号而定），卷帘门下降到位，完全闭合。其常开触点闭合，接触器 KM1 线圈通电，其常开触点闭合，电动机转动，卷帘门继续下降到底部，碰触微动开关 SG4，其常开触点断开，接触器 KM1 线圈断电，其常开触点打开，电动机停转。按动按钮 SB2，接触器 KM2 线圈通电动作，其常开触点闭合，电动机反转运行，带动卷帘门上升，当上升到顶部时，碰触微动开关 SG1，其常开触点断开，KM2 线圈断电，电动机停转，门停止上升，当按手动控制按钮 SB1 时，可以自动控制卷帘门下降。阀门可通过感烟信号联动、手动或温度熔断器使之瞬时开启，外部为百叶窗。感烟信号联动是由 DC 24V、0.3A 电磁铁执行，联动信号可来自现场烟感探测器，也可来自消防控制室的联动控制盘，也可用手动拉绳开启阀门的手动操作。阀门打开后其联动开关接通信号回路，可向控制室返回阀门已开启的信号或联锁控制其他装置。执行机构的电路中，当温度熔断器更换后，阀门可手动复位。

**（二）LD-8303 型智能编码双输入/双输出模块的安装**

LD-8303 型双输入/双输出模块是一种总线制控制接口，可用于完成对防火卷帘门、水泵、排烟风机等双动作设备的控制。主要用于防火卷帘门的位置控制，能控制其从上位到中位，也能控制其从中位到下位，同时能确认防火卷帘门是处于上、中、下的哪一位。该模块也可作为两个独立的 LD-8301 型单输入/单输出模块使用。

LD-8303 型双输入/双输出模块具有两个编码地址，两个编码地址连续，最大编码为242，可接收来自控制器的二次不同动作的命令，具有二次不同控制输出和确认两个不同输入回答信号的功能。此模块所需输入信号为常开开关信号，一旦开关信号动作，LD-8303 型模块将此开关信号通过联动总线送入控制器，联动控制器产生报警并显示出动作设备的地址号。当模块本身出现故障时，控制器也将产生报警并将模块编号显示出来。本模块具有两对常开、常闭触点，容量为 5A、DC 24V ，有源输出时可输出 1A、DC 24V。

LD-8303 型模块的编码方式为电子编码，在编入一个编码地址后，另一个编码地址自动生成为编入地址+1。该编码方式简便快捷，现场编码时使用 GST-BMQ-1B 型电子编码器进行。LD-8303 型双输入/双输出模块与现场设备接线如图 12-5 所示。

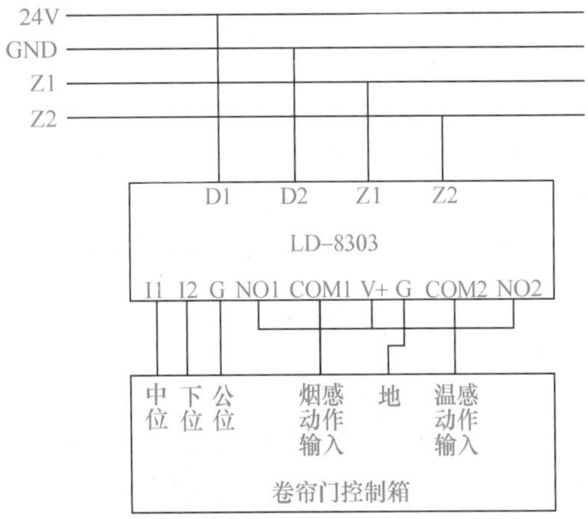

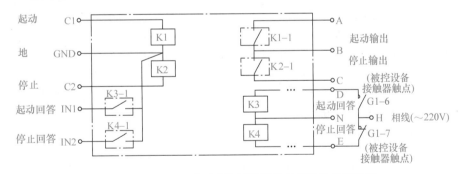

图 12-5 LD-8303 型双输入/双输出
模块与现场设备接线图

信号总线采用 RVS 型双绞线，截面积≥1.5mm$^2$；电源线采用 BV 线，截面积≥1.5mm$^2$。

**（三）LD-8302A 型双动作切换模块的安装**

LD-8302A 型双动作切换模块是一种专门设计用来与 LD-8303 型双输入/双输出模块连接，实现控制器与被控设备之间作交流直流隔离及起动、停止双动作控制的接口部件。本模块为一种非编码模块，不可与控制器的总线连接。模块有两对常开、常闭输出触点，可分别独立控制，容量为 DC 24V、5A，AC 220V、5A。LD-8302A 型双动作切换模块与现场设备接线如图 12-6 所示。

图 12-6 LD-8302A 型双动作切换模块与现场设备接线图

图中各端子外接线均采用 BV 线，截面积≥1.5mm$^2$；C1、C2、GND、IN1、IN2 为弱电端子，其中：C1 为起动命令信号输入端子；C2 为停止命令输入端子；GND 为地线端子；IN1 为起动应答信号输出端子；IN2 为停止命令输出端子。A、B、C、D、E、N 为强电端子，其中：A、B 为起动命令信号输出端子，为无源动合触点；C、B 为停止命令信号输出端子，为无源动断触点；D 为起动回答信号输入端子，取自被控设备 AC 220V 动合触点；E 为停止应答信号输入端子，取自被控设备 AC 220V 动断触点。

## 六、问题探究

**防火卷帘门的作用和设置部位**

防火卷帘门是指在一定时间内，连同框架能满足耐火完整性要求的卷帘。防火卷帘是一种活动的防火隔离设施，平时卷起放在门窗上方的转轴箱中，起火时将其展开，用以阻止火势从门窗口蔓延。

防火卷帘设置在建筑物中防火分区通道口处，可形成门帘或防火分隔。当发生火灾时，可根据消防控制室、探测器的指令或就近手动操作使卷帘下降至某定点，经延时后再两步落地，以达到人员紧急疏散、灾区隔烟、隔火、控制火灾蔓延的目的。

## 七、知识拓展与链接

### （一）防火阀的安装与控制

防火阀外形示意图及电路图如图 12-7 所示。防火阀有方形和圆形两种，用于空调系统的风道中。其阀门可通过感烟信号联动、手动或温度熔断器使之瞬时关闭。感烟信号联动是由 DC 24V、0.3A 电磁铁执行，联动信号可来自现场烟感探测器，来自消防控制室的联动控制盘，也可用手动拉绳关闭阀门的手动操作。温度熔断器动作温度为 （70±2）℃ 熔断后阀门关闭。阀门可通过手柄调节开启程度，以调节风量。阀门关闭后，其联动触点闭合，接通信号电路，可向控制室返回阀门已关闭的信号或对其他装置进行联锁控制。执行机构的电路中，当温度熔断器更换后，阀门可手动复位。

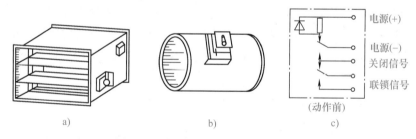

电源(+)
电源(−)
关闭信号
联锁信号
（动作前）

图 12-7　防火阀外形示意图及电路图

a）方形调节阀　b）圆形调节阀　c）电路图

### （二）防火门的安装与控制

防火门的安装示意图如图 12-8 所示。

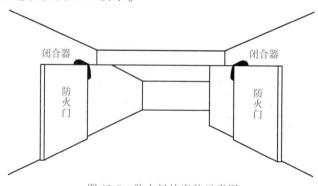

图 12-8　防火门的安装示意图

防火门锁按门的固定方式可分为两种：一种是防火门被永久磁铁吸住处于开启状态，火灾时可通过自动控制或手动关闭防火门，自动控制时由感烟探测器或联动控制盘发来指令信号，使 DC 24V、0.6A 电磁线圈的吸力克服永久磁铁的吸着力，从而靠弹簧将门关闭；手动操作时，只要把防火门或永久磁铁的吸着板拉开，门即关闭。另一种是防火门被电磁锁固定销扣住呈开启状态，火灾时由感烟探测器或联动控制盘发出指令信号使电磁锁动作或用手拉防火门使固定销掉下，门被关闭。防火门的电气控制电路如图 12-9 所示。

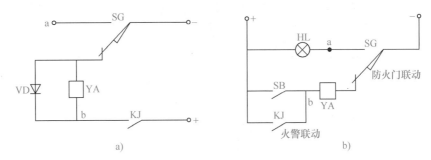

图 12-9　防火门电气控制线路

a) 主电路　b) 控制电路

主电路中，火灾报警控制器中的消防触点 KJ（常开），当火灾发生时闭合，接通防火门电磁铁线圈 YA 电路，电磁铁动作，拉开电磁锁销（或拉开被磁铁吸住的铁板），防火门在自身门轴弹簧的作用下关闭。当防火门关闭时，会压住（或碰触）微动行程开关 SG 的动触头，使常闭触点打开，常开触点闭合，接通控制电路中的信号灯 HL，作为防火门关闭的回应信号。从控制电路中可以看出，防火门的控制电磁铁 YA，也可由手动按钮 SB 控制，关闭防火门。

### （三）防火窗的安装与控制

防火窗是指在一定时间内，连同框架能满足耐火稳定性和耐火完整性要求的窗。防火窗一般安装在防火墙或防火门上。

防火窗按安装方法可分为固定窗扇防火窗和活动窗扇防火窗；按耐火极限可分为甲、乙、丙三级。耐火极限是指构件从受火到失去稳定性、完整性或绝热性为止的时间，常以小时计算。耐火极限不低于 1.2h 的窗为甲级防火窗，耐火极限不低于 0.9h 的窗为乙级防火窗，耐火极限不低于 0.6h 的窗为丙级防火窗。

防火窗的主要作用：一是隔离和阻止火势蔓延，此种窗多为固定窗；二是采光，此种窗有活动窗扇，正常情况下采光通风，火灾时起防火隔离作用。有活动窗扇的防火窗应具有手动和自动关闭功能。

## 八、质量评价标准

项目质量考核要求及评分标准见表 12-1。

表 12-1　项目质量考核要求及评分标准

| 考核项目 | 考核要求 | 配分 | 评分标准 | 扣分 | 得分 | 备注 |
|---|---|---|---|---|---|---|
| 安装过程 | 1. 设备安装正确<br>2. 设备编码正确 | 100 | 1. 设备安装错误，每处扣 5 分<br>2. 设备编码错误，每处扣 5 分 | | | |

（续）

| 考核项目 | 考核要求 | 配分 | 评分标准 | 扣分 | 得分 | 备注 |
|---|---|---|---|---|---|---|
| 安装过程 | 3. 接线正确<br>4. 控制中设备定义正确<br>5. 联动编程正确<br>6. 系统能够正常运行 | 100 | 3. 接线错误,每处扣3分<br>4. 设备定义错误,每处扣3分<br>5. 联动编程错误,扣10分<br>6. 系统不能正常工作扣20分 | | | |
| 安全生产 | 自觉遵守安全文明生产规程 | | 1. 每违反一项规定,扣3分<br>2. 发生安全事故,按0分处理 | | | |
| 时间 | 小时 | | 提前正确完成,每5分钟加2分<br>超过定额时间,每5分钟扣2分 | | | |
| 开始时间: | | | 结束时间: | | 实际时间: | |

## 九、项目总结与回顾

你在项目实施过程中遇到了哪些问题？是如何解决的？

## 习　　题

**1. 填空题**

（1）常用的防火隔离设施有_____、_____、_____和防火水幕等。

（2）耐火极限不低于_____h的窗为甲级防火窗，耐火极限不低于_____h的窗为乙级防火窗，耐火极限不低于_____h的窗为丙级防火窗。

（3）防火卷帘设置部位一般有消防电梯前室、_____、_____、_____、_____、代替防火墙需设置防火隔离设施的部位等。

**2. 判断题**

（1）防火卷帘是一种活动的防火隔离设施，平时卷起放在门窗上方的转轴箱中，起火时将其放开展开，用以阻止火势从门窗口蔓延。　　　　　　　　　　　　（　　）

（2）当发生火灾时，可根据消防控制室、探测器的指令或就地手动操作使卷帘一次下降落地。　　　　　　　　　　　　　　　　　　　　　　　　　　　（　　）

**3. 单选题**

（1）卷帘门继续下降到距离地面_____m处时应暂停，延时一定时间后再落地，以达到人员紧急疏散、灾区隔火、隔烟、控制火灾蔓延的目的。

　　A. 0.5　　　　　　B. 1　　　　　　C. 1.2　　　　　D. 1.3

（2）防火阀熔断后关闭的动作温度为（_____±2）℃。

　　A. 40　　　　　　B. 50　　　　　　C. 60　　　　　　D. 70

**4. 问答题**

（1）防火卷帘门的控制要求是什么？

（2）防火阀在火灾时应处于什么状态？

（3）防火门的主要作用是什么？

（4）防火隔离设施的主要作用是什么？

（5）防火隔离设施主要有哪些设备？

# 项目十三 消火栓灭火联动控制系统的安装

## 一、学习目标

1. 掌握消火栓系统的安装方法。
2. 掌握消火栓系统的检测与联动控制方法。

## 二、项目导入

消火栓灭火是最常见的灭火方式。它由蓄水池、加压送水装置（水泵）及室内消火栓等主要设备构成。这些设备的电气控制包括水池的水位控制、消防按钮和加压水泵的起动。水位控制应能显示出水位的变化情况，高、低水位报警及控制水泵的起停。室内消火栓系统由喷水枪、水龙带、消火栓、消防管道等组成。为保证喷水枪在灭火时具有足够的水压，需要采用加压设备。常用的加压设备有消防水泵和气压给水装置两种。采用消防水泵时，在每个消火栓内设置消防按钮，灭火时用小锤击碎开关上的玻璃小窗，按钮因不受压而复位，从而通过控制电路起动消防水泵，水压增高后，灭火水管喷水进行灭火。而采用气压给水装置时，由于采用了气压水罐，并以气水分隔来保证供水压力，所以水泵功率小，可采用电接点压力表测量供水压力来控制水泵的起动。

## 三、学习任务

### （一）项目任务

本项目的任务是安装一个室内消火栓系统，并将消火栓系统纳入联动控制系统中。以消火栓按钮起动系统的联动控制，使其能控制水泵的起动，检测水的流动，并将监控结果反应到报警控制中心。

### （二）任务流程图

本项目的任务流程如图 13-1 所示。

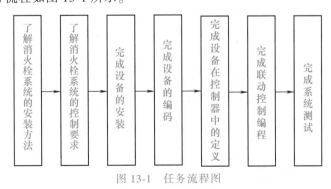

了解消火栓系统的安装方法 → 了解消火栓系统的控制要求 → 完成设备的安装 → 完成设备的编码 → 完成设备在控制器中的定义 → 完成联动控制编程 → 完成系统测试

图 13-1 任务流程图

## 四、实施条件

要完成该项目，首先必须有安装施工的场地，并准备一套由水泵、水枪、水龙带、消火栓、消防管道组成的消火栓系统，一只消火栓按钮 J-SAM-GST9123A，一台编码器，一只总线隔离器，一台消防报警控制器（联动型），连线及安装工具等。

## 五、操作指导

### （一）消火栓按钮的安装

消火栓按钮安装在消火栓内，可直接接入控制总线。按钮还带有一对动合输出控制触点，可用来做直接起泵开关。消火栓按钮的安装方法如图 13-2 所示。

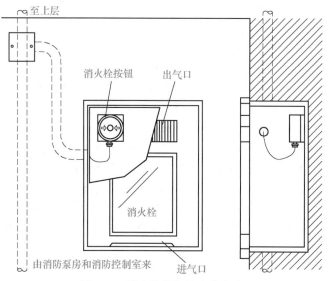

图 13-2 消火栓按钮的安装方法

J-SAM-GST9123A 消火栓按钮表面装一按片，当启用消火栓时，可直接按下按片，此时消火栓按钮的红色启动指示灯亮，表明已向消防控制室发出了报警信息，火灾报警控制器在确认了消防泵已起动运行后，就向消火栓按钮发出命令信号点亮绿色回答指示灯。消火栓按钮的接线如图 13-3 所示。

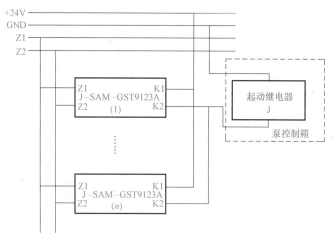

图 13-3 消火栓按钮接线图

## （二）消火栓系统的配线及相互关系

消火栓系统的配线及相互关系如图 13-4 所示。

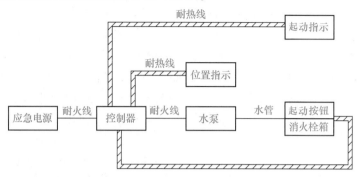

图 13-4　消火栓系统配线及相互关系图

## （三）消火栓泵的电气控制

消火栓泵的电气控制如图 13-5 所示。图中，KP 为管网压力继电器，SL 为低位水池水

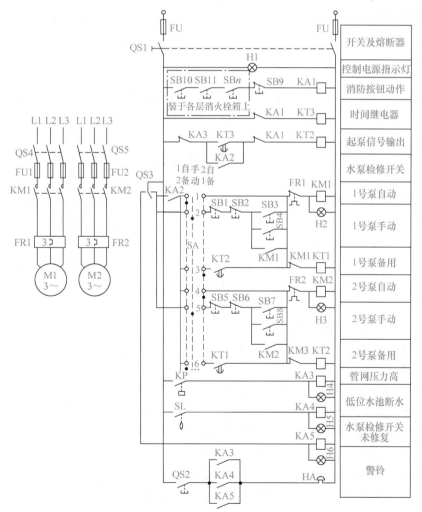

图 13-5　消火栓泵的电气控制图

位继电器。QS3 为检修开关，SA 为转换开关。消火栓泵电气控制原理为：

1）1 号为工作泵，2 号为备用泵，将 QS4、QS5 合上，转换开关 SA 转至左位，检修开关 QS3 放在右位，电源开关 QS1 合上，QS2 合上，为起动做好准备。

如某层楼出现火情，用小锤将某层楼的消防按钮玻璃击碎，其内部按钮因不受压而断开，使中间继电器 KA1 线圈失电，时间继电器 KT3 线圈通电，经延时 KT3 常开触点闭合，使中间继电器 KA2 线圈通电，接触器 KM1 线圈通电，1 号消防泵电动机 M1 起动运转，进行灭火。若 1 号故障，2 号自动投入运行。当出现火情时，设 KM1 机械卡住，其触点不动作，使时间继电器 KT1 线圈通电，经延时后 KT1 触点闭合，使接触器 KM2 线圈通电，2 号泵电动机 M2 起动运转。

2）在其他状态下的工作情况。如需手动强报时，将 SA 转至手动位置，按下 SB3（SB4），KM1 通电动作，1 号泵电动机运转。如需 2 号泵运转，按下 SB7（SB8）即可。当管网压力过高，压力继电器 KP 闭合，使中间继电器 KA3 通电动作，信号灯 H4 亮，警铃 HA 响。当低位水池水位低于设定水位时，水位继电器 SL 闭合，中间继电器 KA4 通电，同时信号灯 H5 亮，警铃 HA 响。当需要检修时，将 QS3 至左位，中间继电器 KA5 通电动作，同时信号灯 H6 亮，警铃 HA 响。

## 六、问题探究

**消火栓泵的控制方式**

1）联动控制方式，应由消火栓系统出水干管上设置的低压压力开关、高位消防水箱出水管上设置的流量开关或报警阀压力开关等信号作为触发信号，直接控制起动消火栓泵，联动控制不应受消防联动控制器处于自动或手动状态影响。当设置消火栓按钮时，消火栓按钮的动作信号应作为报警信号及起动消火栓泵的联动触发信号，消防联动控制器联动控制消火栓泵的起动。

2）手动控制方式，应将消火栓泵控制箱（柜）的起动、停止按钮用专用线路直接连接至设置在消防控制室内的消防联动控制器的手动控制盘，并应直接手动控制消火栓泵的起动、停止。

3）消火栓泵的动作信号应反馈至消防联动控制器。

## 七、知识拓展与链接

**室内消火栓系统的设置要求**

1）下列建筑或场所应设置室内消火栓系统。

① 建筑占地面积大于 300m² 的厂房和仓库。

② 高层公共建筑和建筑高度大于 21m 的住宅建筑。

**注意：建筑高度不大于 27m 的住宅建筑，设置室内消火栓系统确有困难时，可只设置干式消防竖管和不带消火栓箱的 DN65 室内消火栓。**

③ 体积大于 5000m³ 的车站、码头、机场的候车（船、机）建筑、展览建筑、商店建筑、旅馆建筑、医疗建筑和图书馆建筑等单、多层建筑。

④ 特等、甲等剧场，超过 800 个座位的其他等级的剧场和电影院，以及超过 1200 个座位的礼堂、体育馆等单、多层建筑。

⑤ 建筑高度大于 15m 或体积大于 10000m³ 的办公建筑、教学建筑和其他单、多层民用建筑。

2）第 1）条未规定的建筑或场所和符合第 1）条规定的下列建筑或场所，可不设置室内消火栓系统，但宜设置消防软管卷盘或轻便消防水龙。

① 耐火等级为一、二级且可燃物较少的单、多层丁、戊类厂房（仓库）。

② 耐火等级为三、四级且建筑体积不大于 3000m³ 的丁类厂房；耐火等级为三、四级且建筑体积不大于 5000m³ 的戊类厂房（仓库）。

③ 粮食仓库、金库、远离城镇且无人值班的独立建筑。

④ 存有与水接触能引起燃烧爆炸的物品的建筑。

⑤ 室内无生产、生活给水管道，室外消防用水取自储水池且建筑体积不大于 5000m³ 的其他建筑。

3）国家级文物保护单位的重点砖木或木结构的古建筑，宜设置室内消火栓系统。

4）人员密集的公共建筑、高度大于 100m 的建筑和建筑面积大于 200m² 的商业服务网点内应设置消防软管卷盘或轻便消防水龙。高层住宅建筑的户内宜配置轻便消防水龙。

## 八、质量评价标准

项目质量考核要求及评分标准见表 13-1。

表 13-1　项目质量考核要求及评分标准

| 考核项目 | 考核要求 | 配分 | 评分标准 | 扣分 | 得分 | 备注 |
|---|---|---|---|---|---|---|
| 安装过程 | 1. 设备安装正确<br>2. 设备编码正确<br>3. 接线正确<br>4. 控制中设备定义正确<br>5. 联动编程正确<br>6. 系统能够正常运行 | 100 | 1. 设备安装错误，每处扣 5 分<br>2. 设备编码错误，每处扣 5 分<br>3. 接线错误，每处扣 3 分<br>4. 设备定义错误，每处扣 3 分<br>5. 联动编程错误，扣 10 分<br>6. 系统不能正常工作扣 20 分 | | | |
| 安全生产 | 自觉遵守安全文明生产规程 | | 1. 每违反一项规定，扣 3 分<br>2. 发生安全事故，按 0 分处理 | | | |
| 时间 | 小时 | | 提前正确完成，每 5 分钟加 2 分<br>超过定额时间，每 5 分钟扣 2 分 | | | |
| 开始时间： | | 结束时间： | | 实际时间： | | |

## 九、项目总结与回顾

你在项目实施过程中遇到了哪些问题？是如何解决的？

## 习　题

### 1. 填空题

（1）消火栓系统主要由_____、_____及室内消火栓等设备构成。

（2）室内消火栓系统由_____、_____、_____、_____等组成。

（3）常用的加压设备有_____和_____两种。

**2. 判断题**

（1）消火栓泵的联动控制会因消防联动控制器处于自动或手动状态的不同而不同。

（　　）

（2）当设置消火栓按钮时，消火栓按钮的动作信号应作为报警信号及起动消火栓泵的联动触发信号。　　　　　　　　　　　　　　　　　　　　　　　　　　　（　　）

（3）消火栓泵的动作信号应反馈至消防联动控制器。　　　　　　　　　（　　）

**3. 单选题**

（1）建筑占地面积大于（　　）m² 的厂房和仓库应设置室内消火栓系统。

　　A. 100　　　　　　　　B. 150　　　　　　　　C. 200　　　　　　　　D. 300

（2）人员密集的公共建筑、高度大于（　　）m 的建筑和建筑面积大于 200m² 的商业服务网点内应设置消防软管卷盘或轻便消防水龙。

　　A. 30　　　　　　　　B. 50　　　　　　　　C. 80　　　　　　　　D. 100

**4. 问答题**

（1）消火栓按钮安装的要求是什么？

（2）消火栓泵的控制方式有哪些？

（3）消火栓系统中各设备的主要作用是什么？

（4）消火栓系统由哪些设备组成？

（5）哪些场所应设置室内消火栓系统？

# 项目十四　自动喷水灭火联动控制系统的安装

## 一、学习目标

1. 掌握湿式自动喷水灭火系统的结构和安装方法。
2. 掌握湿式自动喷水灭火系统的控制要求与方法。
3. 了解其他自动灭火系统的工作原理和控制方法。

## 二、项目导入

自动喷水灭火系统具有良好的控火和灭火效果，而且比较经济。闭式自动喷水灭火系统在高层建筑中被普遍采用。按喷水管道内是否处于充水状态分为湿式、干式两种类型。

干式系统中，喷水管网平时不充水（或有时充气，用以监视管网漏气），当火灾发生时，控制主机在收到火警信号后，立即控制预作用阀，使其开阀向管网系统内充水。

湿式系统中，管网平时处于充水状态。系统主要由喷头、报警止回阀、延迟器、水力报警铃及供水管网组成。喷头布置在房间天花板下边，自动喷水是由玻璃球喷水喷头完成的。发生火灾时，装有热敏液体的玻璃球（动作温度有 57℃、68℃、79℃、93℃ 几种）由于内压力的增加而炸裂，此时密封垫脱开，喷出压力水。喷水后由于压力降低，压力开关动作，将水压信号变为电信号从而起动喷水泵保持水压。喷水时水流通过装于主管道分支处的水流开关，使其桨片随着水流而动作，接通延时电路，在延时 20～30s 之后，装在管道上的水流开关继电器触点吸合，发出电信号给消防控制室，以辨认发生火灾的区域。

## 三、学习任务

### （一）项目任务

本项目的任务是安装一个湿式自动喷水系统，并将该喷水系统纳入联动控制系统中。在掌握湿式自动喷水系统的安装及控制要求和方法之后，了解其他灭火系统的工作原理与控制方式。

### （二）任务流程图

本项目的任务流程如图 14-1 所示。

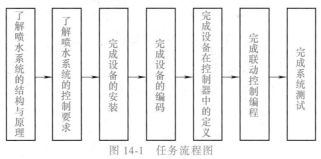

图 14-1　任务流程图

## 四、实施条件

要完成该项目，首先需要一个安装施工的场地，并准备一套由喷头、报警止回阀、延迟器、水力警铃、压力开关（安装与管上）、水流指示器、管道系统、供水设施、报警装置及控制盘组成的湿式喷水灭火系统，一台编码器，一只总线隔离器，一台消防报警控制器（联动型），连线及安装工具等。

## 五、操作指导

### （一）湿式自动喷水灭火系统的组成

湿式自动喷水灭火系统（简称花洒系统）属于固定式灭火系统。其系统结构如图 14-2 所示，在高层建筑中，每座大厦的喷水系统所用的泵一般为 2~3 台。采用 2 台泵时，平时管网中压力水来自高位水池，当喷头喷水，管道里有消防水流动时，流水指示器起动消防泵，向管网补充压力水。平时 1 台工作，1 台备用，当 1 台因故障停转，接触器断开时，备用泵立即投入运行，2 台可以互为备用。采用 3 台水泵时，其中 2 台为压力泵，1 台为恒压泵。恒压泵一般功率很小，在 5kW 左右，其作用是使消防管网中的水压保持在一定范围内。此系统的管网不得与自来水或高位水池相连，管网消防用水来自消防储水池，当管网中的水

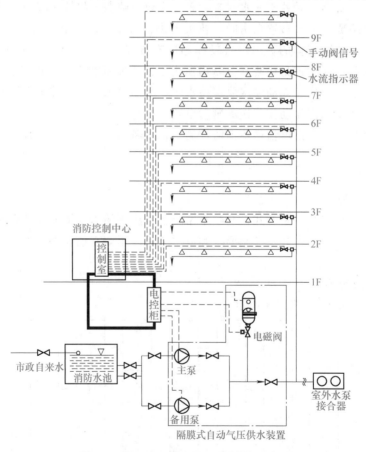

图 14-2 湿式自动喷水灭火系统结构图

由于渗漏压力降到某一数值时，恒压泵起动补压。当到达一定压力后，所接压力开关断开恒压泵控制回路，恒压泵停止运行。湿式灭火系统部件间的相互关系如图 14-3 所示。

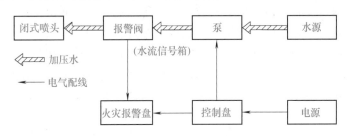

图 14-3 湿式灭火系统部件间相互关系图

### （二）洒水喷头的安装

洒水喷头可分为开启式和封闭式两种，是喷水系统的重要组成部分，其性质、质量和安装优劣会直接影响火灾初期灭火的成败。

开启式喷头按其结构可以分为双臂下垂型、单臂下垂型、双臂直立型和双臂边墙型四种，具有产品结构新颖、外形简捷美观、价格低廉、安全可靠等特点。开启式喷淋头通常安装在燃烧猛烈、蔓延迅速的特殊危险建筑物中，如某些易燃、易爆品的加工现场或储存仓库，以及剧场舞台上部的葡萄架下部等处。开启式喷淋头可与雨淋阀（或手动喷水阀）、供水管网以及火灾探测器、控制装置等组成雨淋自动喷水灭火系统。失火时，雨淋阀经自动或手动启动后，被保护区中的整个管网上安装的开启式喷淋头将同时按规定方向喷射出高压水流，经其溅水盘而形成密集粒状水滴，迅速扑灭或控制火势。

封闭式喷头可以分为易熔合金式、双金属片式和玻璃球式三种。应用最多的是玻璃球式喷头。在正常情况下，喷头处于封闭状态。火灾时，喷水的开启由感温部件（充液玻璃球）控制，当装有热敏液体的玻璃球达到动作温度（57℃、68℃、79℃、93℃、141℃、182℃、227℃、260℃）时，球内液体膨胀，使内压力增大，玻璃炸裂，密封垫脱开，喷出压力水。喷水后由于压力降低而使压力开关动作，将水压信号变为电信号向喷淋泵控制装置发出起动喷淋泵信号，保证喷头有水喷出。同时流动的消防水使主管道分支处的水流指示器电接点动作，接通延时电路（延时 20~30s），通过继电器触点发出声光信号给控制室，以识别火灾区域。封闭式喷头具有探测火情、启动水流指示器、扑灭早期火灾的重要作用。其特点是结构新颖、耐腐蚀性强、动作灵敏、性能稳定，适用于高（多）层建筑、仓库、地下工程、宾馆等适合用水灭火的场所。

### （三）管路的安装

管路又称为管网，是将水从水源送到被保护现场的通路，配水管应采用内外镀锌钢管。如果在报警阀入口前管道采用内壁不防腐的钢管，应在该管道的末端装设过滤器，以防锈蚀杂物流入报警阀及管道。湿式管路中始终充有一定压力的水，工作压力不应大于 1.2MPa。配水管道在布置上应使配水管入口压力均衡。轻、中危险级场所中各配水管入口的压力不应大于 0.4MPa。另外在配水干管上不得接入其他供水设施。

### （四）水流指示器的安装

水流指示器的作用是把水的流动转换成电信号报警。其电接点既可直接起动消防水泵，也可接通电铃报警。在多层或大型建筑的自动喷水系统中，每一层或每一分区的干管或支管的始端安装一个水流指示器。为了便于检修分区管网，水流指示器前端应装设安全信号阀。水流指示器的安装要求为：

1) 安装水流指示器时，应根据其安装尺寸预留足够的安装调试空间。

2) 水流指示器应在管道经冲洗试压完成后进行安装。

3) 安装水流指示器时，应保证其动作方向与水流方向一致，切勿装反。

4) 安装时，应避免剧烈碰撞，以免损坏工作部件，使原调定的工作参数发生漂移。

5) 安装焊接式水流指示器时，应将水流指示器本体及叶片从焊接座上拆下后进行焊接。

6) 安装后的水流指示器，应保证其叶片垂直于管道，且动作灵活，不允许与管壁有任何摩擦接触。

### （五）压力开关的安装

压力开关由膜片驱动，工作压力一般在 0.035～1.2MPa 之间可调，适用于水、空气等介质。压力开关是自动喷淋灭火系统中十分重要的水压传感式继电器。它和水力警铃统称为水（压）力警报器。压力开关用于湿式水喷淋灭火系统时，将水力警铃安装在湿式报警阀的延迟器后，压力开关则安装在延迟器的上部。当系统进行水喷淋灭火时，在 5～90s 内，管网内水压下降到一定值时，压力开关动作，将水压转换成开关信号或电信号，并配合水流指示器一起实现对消防水泵的自动控制或实施水喷淋灭火的回馈信号控制，故压力开关又称作"水-电信号转换器"。与此同时，管网水流将驱动延迟器后面的水力警铃发出报警音响。

## 六、问题探究

### （一）自动喷水灭火系统的操作与控制

1) 湿式系统、干式系统应由消防水泵出水干管上设置的压力开关、高位消防水箱出水管上的流量开关和报警阀组压力开关直接自动起动消防水泵。

2) 预作用系统应由消防自动报警系统、消防水泵出水干管上设置的压力开关、高位消防水箱出水管上的流量开关和报警阀组压力开关直接自动启动消防水泵。

3) 雨淋系统和自动控制的水幕系统，消防水泵的自动起动方式应符合下列要求。

① 当采用消防自动报警系统控制雨淋报警阀时，消防水泵应由消防自动报警系统、消防水泵出水干管上设置的压力开关、高位消防水箱出水管上的流量开关和报警阀组压力开关直接自动起动。

② 当采用充液（水）传动管控制雨淋报警阀时，消防水泵应由消防水泵出水干管上设置的压力开关、高位消防水箱出水管上的流量开关和报警阀组压力开关直接起动。

4) 消防水泵除具有自动控制启动方式外，还应具备下列起动方式。

① 消防控制室（盘）远程控制。

② 消防水泵房现场应急操作。

5) 预作用装置的自动控制方式可采用仅有消防自动报警系统直接控制，或由消防自动报警系统和充气管道上设置的压力开关控制，并应符合下列要求：

① 处于准工作状态时严禁误喷的场所，宜采用仅有消防自动报警系统直接控制的预作用系统。

② 处于准工作状态时严禁管道充水的场所和用于替代干式系统的场所，宜有消防自动报警系统和充气管道上设置的压力开关控制的预作用系统。

6）雨淋报警阀的自动控制方式可采用电动、液（水）动或气动。当雨淋报警阀采用充液（水）传动管自动控制时，闭式喷头与雨淋报警阀之间的高程差，应根据雨淋报警阀的性能确定。

7）预作用系统、雨淋系统和自动控制的水幕系统，应同时具备下列三种开启报警阀组的控制方式：

① 自动控制。

② 消防控制室（盘）远程控制。

③ 预作用装置或雨淋报警阀处现场手动应急操作。

8）当建筑物整体采用湿式系统，局部场所采用预作用系统保护且预作用系统串联接入湿式系统时，除应符合本规范第1）条的规定外，预作用装置的控制方式还应符合本规范第7）条的规定。

9）快速排气阀入口前的电动阀应在起动消防水泵的同时开启。

10）消防控制室（盘）应能显示水流指示器、压力开关、信号阀、消防水泵、消防水池及水箱水位、有压气体管道气压，以及电源和备用动力等是否处于正常状态的反馈信号，并应能控制消防水泵、电磁阀、电动阀等的操作。

**（二）湿式喷水灭火系统的电气控制**

采用两台水泵的湿式喷水灭火系统的电气控制线路如图14-4所示。图中B1、B2、B3为各区流水指示器，如分区很多可有多个流水指示器及多个继电器与之配合。

电路工作过程：某层发生火灾并在温度达到一定值时，该层所有喷头自动爆裂并喷出水流。平时将开关QS1、QS2、QS3合上，转换开关SA至左位（1自、2备）。当发生火灾喷头喷水时，由于喷水后压力降低，压力开关B$n$动作（同时管道里有消防水流动时，水流指示器触头闭合），因而中间继电器KA（$n+1$）通电，时间继电器KT2通电，经延时其常开触点闭合，中间继电器KA通电，使接触器KM1闭合，1号消防加压水泵电动机M1起动运转（同时警铃响、信号灯亮），向管网补充压力水。

当1号泵故障时，2号泵自动投入运进。若KM1机械卡住不动，由于KT1通电，经延时后，备用中间继电器KA1线圈通电动作，使接触器KM2线圈通电，2号消防水泵电动机M2起动运转，向管网补充压力水。如将开关SA拨向手动位置，也可按下SB2或SB4使KM1或KM2通电，使1号泵和2号泵电动机起动运转。

除此之外，水幕对阻止火势扩大与蔓延有较好的效果，因此在高层建筑中，超过800个座位的剧院、礼堂的舞台口和设有防火卷帘、防火幕的部位，均宜设水幕设备。其电气控制电路与自动喷水系统相似。

## 七、知识拓展与链接

**（一）二氧化碳自动灭火系统**

二氧化碳自动灭火系统一般设置在无人值班的变压器室或高压配电室。二氧化碳自动灭火系统的原理如图14-5所示。火灾发生时，现场的火灾探测器发出信号至放气执行器，二氧化碳气瓶阀门自动打开，释放二氧化碳气体，使室内缺氧而将火灾扑灭。也可采用手动操作，当

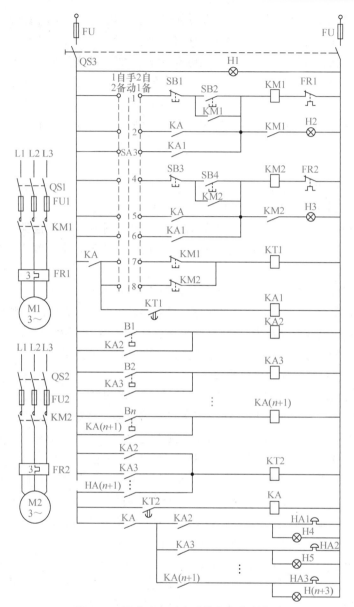

图 14-4　湿式喷水灭火系统电气控制线路

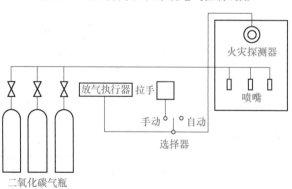

图 14-5　二氧化碳自动灭火系统原理图

发生火灾时拉动放气开关拉手，就能喷出二氧化碳灭火。这个开关一般装在房间门口附近墙上的一个玻璃面板箱内，发生火灾时将玻璃面板敲破，即可打开开关喷出二氧化碳气体。

装有二氧化碳自动灭火系统的保护场所（如变电所和配电室），一般都在门口加装选择开关，可就近选择自动或手动操作方式。为了防止意外事故，避免有人在里面工作时喷出二氧化碳，影响健康，工作人员必须在入室之前把开关转到手动位置，离开关门之后复归自动位置。为了避免无关人员乱动选择开关，宜用钥匙型的转换开关。

### （二）自动泡沫灭火系统

泡沫灭火系统是用来扑救易燃液体和可燃性固体火灾的灭火系统，如炼油厂、石油化工厂、发电厂、汽车库、飞机库、地下室、矿井坑道等场所均可使用该灭火系统。泡沫灭火系统按泡沫种类分为化学泡沫系统、普通蛋白泡沫系统、氟蛋白泡沫系统、抗溶性泡沫系统、中高倍泡沫系统等。化学泡沫灭火系统设备复杂、投资大、维修保养费用高。蛋白及氟蛋白泡沫灭火系统设备简单、操作方便，已经取代化学泡沫系统。普通泡沫灭火系统不能扑救水溶性有机溶剂，如醇、醚、酮、醛、酸酐等的火灾，必须采用抗溶性泡沫灭火剂及抗溶性泡沫灭火系统。该灭火系统增加了一种泡沫缓冲装置，以减缓泡沫与水溶性有机溶剂的冲击，使泡沫平稳地流向液面，减少泡沫的消融，进行有效灭火。中高倍泡沫是用空气使泡沫混合液机械性膨胀形成的。中倍泡沫发泡倍数为 $20\sim200$，高倍泡沫发泡倍数为 $200\sim1000$。中高倍泡沫能够控制和扑灭易燃可燃液体、固体表面火灾及固体深部阴燃火灾。对于液化天然气火灾，及尚未着火的液化天然气，中高倍泡沫可以在其表面形成冰层，有助于驱散蒸气云。空气泡沫自动喷洒灭火系统如图 14-6 所示。

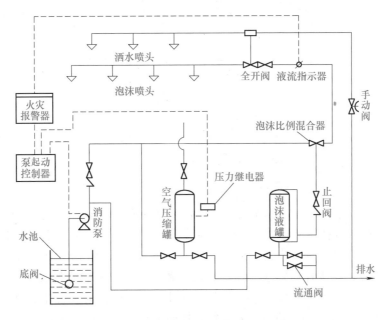

图 14-6 空气泡沫自动喷洒灭火系统

该系统可使用中倍泡沫和低倍泡沫灭火剂，将其喷洒在建筑物内的燃烧物质上，隔绝空气，起到冷却和窒息的效果。该系统泵站应有专人值班操作，值班人员应能熟练地进行泡沫操作。工作人员应经常检查水泵引水设备和泡沫液的储存输送设备，使之保持良好状态。管道应有一定坡度，平时放空管内积水和残液。系统中的阀门应便于开启，操作灵活。泡沫比例混合器的作用是使泡沫液与水按一定比例混合，形成泡沫混合液，在大量压缩空气作用下，形成大量泡沫，泡沫体积扩大几十至几百倍，可以很快覆盖整个燃烧物，扑灭火灾。

### (三) 自动干粉灭火系统

干粉灭火系统可用于扑救可燃气体、液体及电气设备，如可燃液体油槽、可燃气体压缩机房、变电室、发电机房等场所均可采用该灭火系统。该系统不用水，也不用动力源，但要有动力气瓶。所用干粉有 ABC 干粉和 BC 干粉，前者用于扑救固体火灾，后者用于扑救可燃液体和气体火灾。自动干粉灭火系统如图 14-7 所示。当有火灾报警时，可以自动或手动打开动力气瓶阀门，放出高压气体，通过减压阀，向干粉储罐充气增压，迫使干粉流动，形成气粉混合流。当干粉罐充气达到工作压力时，出口处的主阀门被打开，气粉流通过输粉管到达干粉喷嘴，喷向被保护区灭火。

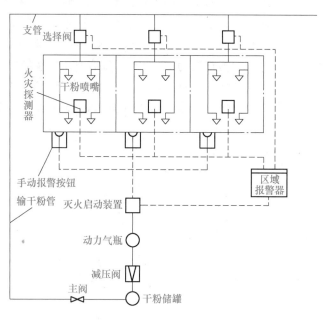

图 14-7　自动干粉灭火系统

干粉储罐工作压力为 $(15 \sim 20) \times 10^5 \mathrm{Pa}$，容积有 60L、300L、1000L、2000L 四种规格。动力气瓶内装不燃性气体二氧化碳或氮气，前者用于小型系统，后者用于大型系统。减压阀又叫压力调节阀，可将钢瓶内 $(130 \sim 150) \times 10^5 \mathrm{Pa}$ 的高压氮气减压到 $(15 \sim 20) \times 10^5 \mathrm{Pa}$，以作为干粉储罐的动力。气体管道要求采用铜管或不锈钢管。干粉输送管为钢管，为了防止静电，管道应可靠接地。工作人员应该经常检查阀门、减压阀、压力表等是否处于正常状态。每隔 2~3 年要对干粉开罐取样检查，若不符合性能指标，应立即更换。

## 八、质量评价标准

项目质量考核要求及评分标准见表 14-1。

表 14-1　项目质量考核要求及评分标准

| 考核项目 | 考核要求 | 配分 | 评分标准 | 扣分 | 得分 | 备注 |
|---|---|---|---|---|---|---|
| 安装过程 | 1. 设备安装正确<br>2. 设备编码正确<br>3. 接线正确<br>4. 控制中设备定义正确<br>5. 联动编程正确<br>6. 系统能够正常运行 | 100 | 1. 设备安装错误，每处扣 5 分<br>2. 设备编码错误，每处扣 5 分<br>3. 接线错误，每处扣 3 分<br>4. 设备定义错误，每处扣 3 分<br>5. 联动编程错误，扣 10 分<br>6. 系统不能正常工作扣 20 分 | | | |
| 安全生产 | 自觉遵守安全文明生产规程 | | 1. 每违反一项规定，扣 3 分<br>2. 发生安全事故，按 0 分处理 | | | |
| 时间 | 小时 | | 提前正确完成，每 5 分钟加 2 分<br>超过定额时间，每 5 分钟扣 2 分 | | | |
| 开始时间： | | 结束时间： | | 实际时间： | | |

## 九、项目总结与回顾

你在项目实施过程中遇到了哪些问题？是如何解决的？

# 习　题

**1. 填空题**

（1）闭式自动喷水灭火系统按喷水管道内是否处于充水状态，分为_____、_____两种类型。

（2）湿式系统主要由_____、_____、_____、_____及供水管网组成。

（3）泡沫灭火系统是用来扑救_____和_____火灾的灭火系统。

（4）干粉灭火系统可用于扑救_____、_____及_____火灾。

（5）二氧化碳自动灭火系统一般设置在一些通常无人值班的_____或_____。

（6）封闭式喷头可以分为_____、_____和_____三种。

**2. 判断题**

（1）安装水流指示器时，应保证其动作方向与水流方向相反。　　　　　（　　）

（2）压力开关由膜片驱动，工作压力一般在 0.035~1.2MPa 之间可调，适用于水、空气等介质。　　　　　（　　）

**3. 单选题**

（1）据环境保护方面"蒙特利尔议定书"及其修正案的要求，我国从_____年起禁止卤代烷灭火剂和灭火器的使用。

　　A. 1997　　　　　B. 2000　　　　　C. 2005　　　　　D. 2010

（2）湿式管路中始终充有一定压力的水，工作压力不应大于_____MPa。

　　A. 1　　　　　B. 1.2　　　　　C. 1.5　　　　　D. 5

**4. 问答题**

（1）湿式自动喷水系统的主要设备及其功能是什么？

（2）水流指示器的安装要求是什么？

（3）压力开关的安装要求是什么？

（4）湿式与干式自动喷水灭火系统的主要差别是什么？

# 项目十五　消防报警及联动控制系统集成

## 一、学习目标

1. 掌握消防报警及联动控制系统的设备组成和集成方法。
2. 掌握消防报警及联动控制系统的控制方法。
3. 掌握消防报警及联动控制系统的供电要求。

## 二、项目导入

一个完整的消防报警及联动控制系统是由火灾探测、报警控制和联动控制三部分组成的，在实际应用中就是控制中心报警系统。组成控制中心报警系统有以下两种方式：

第一种是由火灾探测器与报警控制器单独构成火灾探测报警系统，然后再配以单独的联动控制系统，形成控制中心报警。系统中的探测报警系统和联动控制系统，可以在现场设备或部件之间相互联系，也可以在消防控制室产生联动关系。

第二种是以联动控制功能的报警控制器为中心，既联系火灾探测器，又联系现场消防设备，联动关系是在报警控制区内部实现的。

## 三、学习任务

### （一）项目任务

本项目是一个综合性的项目，需要以项目组为单位，根据前面所学的施工知识，运用系统集成的方法，同时结合实训条件构建一个尽可能完善的消防报警及联动控制系统。了解报警及联动控制中心的设备组成、控制功能和控制方法，了解系统的供电要求，从而掌握消防报警联动控制系统的实施方法。

### （二）任务流程图

本项目的任务流程如图 15-1 所示。

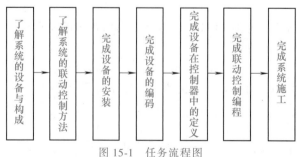

图 15-1　任务流程图

## 四、实施条件

要完成该项目，首先必须有一个安装施工的场地，同时运用实训室可能提供的消防报警及联动控制设备、多线制控制盘、消防报警控制器（联动型）、连线及安装工具等。

## 五、操作指导

### （一）消防联动控制系统的设备及系统构成

在建筑防火工程中，消防联动控制系统可由下列部分或全部控制装置组成：

1) 能给出联动控制信号的火灾探测器及其控制器。

2) 室内消火栓系统的控制装置。

3) 自动喷水灭火系统的控制装置。

4) 泡沫、干粉灭火系统的控制装置。

5) 二氧化碳等气体灭火系统的控制装置。

6) 电动防火门、防火卷帘、水幕等防火分隔设备的控制装置。

7) 通风空调、防烟排烟设备及电动防火阀的控制装置。

8) 电梯的控制装置。

9) 火灾事故广播系统及设备的控制装置。

10) 消防通信设备。

11) 火警电铃、火警灯等现场声光报警控制装置。

12) 避难与疏散的指示控制装置。

13) 断电控制装置。

14) 事故照明装置。

15) 备用发电装置。

由于每个建筑物的使用性质和功能不完全一样，消防联动控制系统的控制设备也不完全一样，但作为消防控制室应把该建筑内的火灾报警及其他联动控制装置集中于消防中心。即使控制设备分散在其他房间或区域，各种设备的操作、动作信号也应反馈到消防中心控制室。消防联动控制系统的结构如图 15-2 所示。

### （二）多线制控制盘的安装

（1）KZK-100 型多线制控制卡

KZK-100 型多线制控制卡是专为消防控制系统中的重要设备（如消防泵、排烟机、送风机等）实施可靠控制而设计的。控制卡为模具化全塑结构，可与各类火灾报警控制器配合使用，且可根据实际工程需要灵活配置控制点数，组成专用多线制控制盘。

KZK-100 型多线制控制卡设有手动输出控制和自动联动功能，在手动状态下，可利用控制卡上的按键完成对现场设备的手动控制；若需要实施自动控制，必须将控制卡接入火灾报警控制器信号总线，并由控制器按现场编写的逻辑联动公式指挥控制卡对外控设备进行自动联动控制。

控制卡与被控设备连接时，为了保证所连接线路可受到检查并防止交流信号干扰损坏控制卡，必须用 GST-LD-8302C 模块作转换控制接口。由控制卡到 GST-LD-8302C 模块采用二线制（C+、C−），同名端子对应连接。

KZK-100 型多线制控制卡设有 2 路控制功能，面板特征为每一路有 4 只灯，1 个键。含义分别如下：

1) 故障灯：当此路外控电路发生短路、断路时，该灯亮。

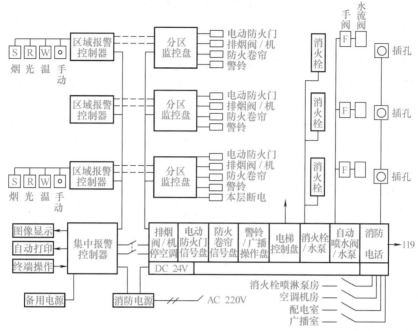

图 15-2 消防联动控制系统的结构

2）请求灯：由控制器送来的请求信号点亮。在自动允许状态下，经延时后，多线制模块对相应的被控设备发出相应命令。

3）命令灯：控制命令发出后点亮。

4）回答灯：被控设备处于命令状态时，回答灯点亮。

5）按键：按下此键，向控制设备发出控制命令。

KZK-100 型多线制控制卡外接端子如图 15-3 所示。图中，24V、GND 为 DC 24V 电源输出端子，C1+、C1-为多线制控制卡第一路输出端子，C2+、C2-为多线制控制卡第二路输出端子。

（2）LD-KZC-100 型多线制控制卡（盘）

图 15-3　KZK-100 型多线制控制卡外接端子示意图

LD-KZC-100 型多线制控制卡（盘）为多线制 CPU 模具化全塑结构，与 KZK-100 型多线制卡配套可用于各类火灾报警控制器上，并可与 KZK-100 型多线制卡一同组成专用多线制控制盘。该设备为标准插盘结构，可与 JB-QG-GST5000、JB-QG-9000 等火灾报警控制器组装在同一柜中，完成对消防泵、排烟机、送风机等重要设备的控制，可设置与其连接 KZK-100 型多线制卡的地址，并将控制卡接入火灾报警控制器信号总线。

LD-KZC-100 型多线制控制卡（盘）组合成 14 路输出多线制控制盘后，称为 LD-KZ014 多线制控制盘。多线制控制卡（盘）有自检键、手动允许/禁止锁及对应的指示灯，含义分别如下：

1）自检键：用于检查多线制控制卡面板上的指示灯是否正常。

2）手动允许/禁止锁：用于选择手动启动方式。

3）手动允许指示灯：当手动锁处于允许状态时，此灯点亮。

LD-KZC-100 型多线制控制卡（盘）外接端子如图 15-4 所示。图中，24V、GND 为 DC 24V 电源输出端子，Z1、Z2 为由总线制报警器引来的两条无极性信号总线端子。

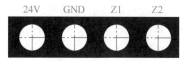

图 15-4　LD-KZC-100 型多线制控制卡（盘）外接端子示意图

## 六、问题探究

### （一）消防报警及联动控制系统主机的组成

消防报警及联动控制系统主机主要由主机主板、回路卡、手动控制盘、多线制控制盘、直流不间断电源、消防应急广播系统、消防电话系统、CRT 系统与机箱等组成。

（1）主机主板

主机主板是火灾报警控制器的核心部件，决定了控制器的最大容量和性能，不同产品、不同型号各有不同。选用主机主板时，既要满足本工程所需容量，还要考虑是否有再建、扩建工程共用本主机，以及是否可能改变建筑物的使用功能等因素，并以此确定回路卡数量，最终确定所选用的主机主板。

（2）回路卡

回路卡分双回路和单回路两类，市场上多为双回路卡。单回路卡用于点数很少的工程。回路卡也因生产商的不同有较大差异，选用时应了解产品的具体情况。有的回路卡只能带智能探测器，有的回路卡只能带监视/控制模块，有的回路卡则可将智能探测器和编址模块混带。所以，选择回路卡要根据防火分区及楼层，计算出各防火分区总的点数，且按照规范应预留 15%~20% 的扩展余量，确定回路卡数量。

（3）手动控制盘

手动控制盘是手动远程控制消防联动设备的操作盘，属于总线控制，用于控制正压送风机、排烟风机、电梯、广播、消火栓泵、喷淋泵等联动设备。应计算出所需控制的总点数，选用大于总点数 10% 余量即可。

（4）多线制控制盘

多线制控制盘是控制消防设备的起、停，并应显示其工作状态，是消防联动系统的后备保证，当消防自动报警控制系统无法正常工作，需要人为起动消防设备时使用的控制盘。其控制点数与消防控制设备一一对应，采用硬接点方式连接，相当于设备的现场起、停按钮，针对排烟风机、正压送风机、消防泵等火灾联动控制设备。目前市场上多线控制盘都会配合一个隔离模块使用。模块是非编码的，主要作用是实现消防报警系统的强弱电隔离，防止消防设备动作时，强电串入报警系统烧坏报警设备。

（5）直流不间断电源

直流不间断电源是一种 DC24V 大容量电源输出设备，在消防报警控制系统中，作为联动控制系统的电源使用，为联动控制模块及被控设备供电。电源箱以 AC 220V 作为主电源，内置 DC24V 密封铅电池作为备用电源，采用开关电源稳压电路及备电浮充电路，具有输出过电流自动保护、主备电切换和完善的备电自动充电及备电过放电保护功能。同时，本智能电源箱可对主、备电及电源输出状态进行监控，可报主、备电故障、输出故障，还具有输出电压、输出电流的显示功能，可直观地观察电源箱的工作状态。

1）确保输出电流的大小能满足自动状态下需起动最多设备时所需的电流即可。需要电源盘供电的设备有输出模块、输入模块、声光报警器、警铃模块、广播模块等。如果消防设备只是纯阻性负载，只需考虑稳态电流；若还有容性负载，则要考虑冲击电流即动作电流。这些模块巡检电流一般为 5mA 左右，起动时电流为巡检电流的 7~10 倍。

2）确保线路满载时末端设备电压足够驱动设备。当导线很长，且电流较大时，导线上的压降就比较明显，有可能导致末端设备电压低于工作电压而无法正常动作。

3）当采用了楼层显示时，因其工作电流和报警电流都远远大于其他设备，则需另外配置专供其使用的电源盘，并布设楼层显示电源专线。

4）每块电源盘都要配备一组蓄电池作为备用电源，主机主板也要配备一组蓄电池作为备用电源。

（6）消防应急广播系统

消防应急广播系统主要由音源设备（具有放音、录音功能）、功率放大器和处理设备、输出模块和线路、扬声器等设备构成，是火灾疏散和灭火指挥的重要设备，在整个消防控制管理系统中起着极其重要的作用。发生火灾时，应急广播信号源设备发出信号，经功率放大器放大后，消防主机驱动相应区域的模块实现应急广播。为商场等大型场所选用的功率放大器，输出功率应是火灾时最大相邻三层广播总功率的 1.5 倍左右。若应急广播平时作为背景音乐，功率放大器的功率应是所有广播功率总和的 1.5 倍左右，否则功率放大器将会启动过载保护造成无法输出背景音乐。

（7）消防电话系统

消防电话系统是一种消防专用通信系统，分总线制和多线制两种。通过它可以迅速实现对火灾的人工确认，及时掌握火灾现场情况，便于指挥灭火。

总线制消防电话系统由设置在消防控制中心总线制消防电话主机和火灾报警控制器、现场的消防电话专用模块和消防电话插座及消防电话分机构成。消防电话专用模块是一种编码模块，直接与火灾报警控制器总线连接，并需要连接 DC24V 的电源总线。为实现电话语音信号的传送，还需要接入消防电话总线。消防电话专用型模块上有电话插孔，可直接供总线制电话分机使用。

（8）CRT 系统

CRT 系统是消防控制中心火警监控、管理系统，用于消防自动报警及消防联动控制系统的图形化显示，可以简单、直观地对系统进行监控。主要由计算机主机、显示器、消防自动报警及消防联动控制系统操作软件组成，并且 CRT 之间可以通过网线、普通电话线、RS232 等方式进行联网，接收、发送、显示设备的异常信息及主机信息，从而实现了消防报警系统的远程中央监控。

（9）机箱

当以上所有系统都选定后，则可选择机箱来进行组装。一般小型自动报警及联动系统都采用壁挂式机箱，因其体积小，极大程度上方便了工程安装。该类设备主要用于洗浴中心、餐厅、小型图书馆、酒吧、超市、变电站等小型工程。大机箱主要有立式柜和琴台柜两种，主要用于大面积的住宅小区、大型体育馆、商场、办公楼等高层大型建筑。如果选用 CRT 系统，最好选用琴台柜，因为琴台柜本身自带 CRT 显示器安放平台，无需另购电脑桌等设备。

### （二）消防控制室联动控制和显示要求

消防联动控制器接收火灾报警信号后应能按预设的控制逻辑，通过模块自动发出联动控制信号，控制各相关的受控设备，并接受相关设备动作后的反馈信号。除了自动联动控制，每个受控设备还可以通过联动控制器操作键盘或手动控制盘进行手动控制。对一些重要的联动设备（如消防水泵、喷淋泵、正压送风机和排烟风机）的控制，除采用自动和手动控制方式外，还应在消防控制室设置直接手动控制单元，实现直接手动控制。

1）消防控制室对自动喷水灭火系统的控制和显示功能应满足的要求。

① 消防控制室应能显示喷淋泵（稳压或增压泵）的起、停状态和故障状态，并显示水流指示器、信号阀、报警阀、压力开关等设备的正常监视状态和动作状态，消防水箱（池）最低水位信息和管网最低压力报警信息。

② 消防控制室应能通过直接控制单元手动控制喷淋泵的起、停，并显示其手动起、停和自动起、停的动作反馈信号。

③ 消防控制室应能通过输入输出模块控制喷淋泵的起动，由压力开关信号自动联动控制喷淋泵的起动，并显示起动及其动作反馈信号。

2）消防控制室对消火栓系统的控制和显示功能应满足的要求。

① 消防控制室应能显示消防水泵（稳压或增压泵）的起、停状态和故障状态，并显示消防栓按钮动作状态及位置等信息、消防水箱（池）最低水位信息和管网最低压力报警信息。

② 消防控制室应能通过直接手动控制单元手动控制消防水泵起、停，并显示其动作反馈信号。

③ 应由消火栓按钮的动作信号作为自动联动触发信号，由消防联动控制器联动控制消防水泵的起动。消火栓按钮也可直接起动消防水泵并接收消防水泵的动作反馈信号。

3）消防控制室对气体灭火系统的控制和显示功能应满足的要求。

① 消防控制室应能显示系统的手动、自动工作状态及故障状态。

② 消防控制室应能显示系统的驱动装置的正常工作状态和动作状态，并能显示防护区域中的防火阀、通风空调等设备的正常监视状态和动作状态。

③ 消防控制室应能自动和手动控制系统的启动，并显示延时状态信号、紧急停止信号。

④ 气体灭火系统应由专用的气体灭火控制器控制。

4）消防控制室对泡沫灭火系统的控制和显示功能应满足的要求。

① 消防控制室应能显示系统的手动、自动工作状态及故障状态。

② 消防控制室应能显示消防水泵、泡沫液泵的起、停状态和故障状态，并显示消防水池（箱）最低水位和泡沫液罐最低液位信息。

③ 消防控制室应能手动控制消防水泵和泡沫液泵的起、停，并显示其动作反馈信号。

④ 泡沫灭火系统应由专用的泡沫灭火控制器控制。

5）消防控制室对防烟排烟系统及通风空调系统的控制和显示功能应满足的要求。

① 消防控制室应能显示防烟排烟系统的手动、自动工作状态及防烟排烟系统风机的动作状态。

② 消防控制室应能控制防烟排烟系统风机和电动排烟防火阀、电控挡烟垂壁、电动防火阀、常闭送风口、排烟阀（口）、电动排烟窗的动作，并显示其反馈信号。

③ 消防控制室应能通过直接手动控制单元手动控制防烟、排烟风机的起、停，并显示其动作反馈信号。

④ 防烟自动控制方式：由满足预设逻辑的感烟探测器的报警信号联动送风口的开启，当满足预设启动逻辑时由消防联动控制器联动控制加压送风机自动起动。

⑤ 排烟自动控制方式：由满足预设逻辑报警信号时联动排烟口或排烟阀开启，排烟口或排烟阀开启后由消防联动控制器自动联动控制排烟风机，同时停止该防烟分区的空气调节系统，排烟风机入口处的排烟防火阀在 280℃ 关闭后直接联动排烟风机停止。

6）消防控制室对防火门及防火卷帘系统的控制和显示功能应满足的要求。

① 消防控制室应能显示防火卷帘、常开防火门、人员密集场所中因管理需要平时常闭的疏散门及具有信号反馈功能的防火门的工作状态。

② 消防控制室应能关闭防火卷帘和常开防火门，并显示其动作反馈信号。

③ 电动防火门的自动控制：疏散通道上设置的电动防火门，应由设置在防火门任意一侧的火灾探测器的报警信号作为系统的联动触发信号，联动控制防火门关闭。

④ 疏散通道防火卷帘门的自动/手动控制：应由设置在防火卷帘两侧中任意一组感烟和感温火灾探测器的报警信号作为系统的联动触发信号，联动控制防火卷帘的下降。感烟火灾探测器的报警信号联动控制防火卷帘下降至距地（楼）面 1.8m 处停止，感温火灾探测器的报警信号联动控制防火卷帘下降到底；疏散通道上设置的防火卷帘，其手动控制方式应由在防火卷帘两侧设置的手动控制按钮控制防火卷帘的升降。

⑤ 用作防火分隔的防火卷帘，火灾探测器动作后，卷帘门应降到底。

⑥ 疏散通道防火卷帘门一般由防火卷帘门控制器控制。

7）消防控制室对电梯的控制和显示功能应满足的要求。

① 消防控制室应能控制所有电梯全部回降首层，非消防电梯应开闸停用，消防电梯应开门待用，并显示反馈信号及消防电梯运行时所在楼层。

② 消防控制室应能显示消防电梯的故障状态和停用状态。

③ 当确认火灾后，消防联动控制器应发出联动控制信号强制所有电梯停于首层或电梯转换层。除消防电梯外，其他电梯的电源应切断。电梯停于首层或电梯转换层开门后的反馈信号作为电梯电源切断的触发信号。

8）消防控制室对消防电话的控制和显示功能应满足的要求。

① 消防控制室应能与各消防电话分机通话，并具有插入通话功能。

② 消防控制室应能接收来自消防电话插孔的呼叫，并能通话。

③ 消防控制室应有消防电话通话录音功能。

④ 消防控制室应能显示消防电话的故障状态。

9）消防控制室对消防应急广播系统的控制和显示功能应满足的要求。

① 消防控制室应能显示处于应急广播状态的广播分区、预设广播信息。

② 消防控制室应能分别通过手动和按照预设控制逻辑自动控制选择广播分区、启动或停止应急广播，并在扬声器进行应急广播时自动对广播内容进行录音。

③ 消防控制室应能显示应急广播的故障状态。

④ 当确认火灾后，应急广播系统首先向全楼或建筑的火灾区域发出火灾警报，然后向着火层、相邻层和地下各层进行应急广播，再依次按照预设控制逻辑向选择广播分区进行

广播。

10）消防控制室对消防应急照明和疏散指示系统的控制和显示功能应满足的要求。

① 消防控制室应能分别通过手动、自动控制集中电源型消防应急照明和疏散指示系统或集中控制型消防应急照明和疏散指示系统，将其从主电工作状态切换到应急工作状态。

② 集中控制型消防应急照明系统的联动应由消防联动控制器联动应急照明控制器实现。

③ 集中电源型消防应急照明系统的联动应由消防联动控制器联动应急照明集中电源和应急照明分配电源装置实现。

11）消防控制室对非消防电源的控制和显示应满足的要求。消防控制室应能显示消防用电设备的供电电源和备用电源的工作状态和欠电压报警信息。

### （三）消防报警系统与联动控制系统的配电与布线施工要求

（1）系统供电

1）系统的主电源宜按一级或二级负荷来考虑。因为安装消防自动报警系统的场所均为重要的建筑或场所，消防自动报警系统如能及时、正确报警，可以使人民的生命、财产得到保护或少受损失。所以要求其主电源的可靠性高，且需有两个或两个以上电源供电，在消防控制室可进行自动切换。同时还要有直流备用电源，来确保其供电的切实可靠。直流备用电源宜采用火灾报警控制器的专用蓄电池或集中设置的蓄电池。当直流备用电源采用消防系统集中设置的蓄电池时，火灾报警控制器应采用单独的供电回路，并应保证在消防系统处于最大负载状态下时不影响报警控制器的正常工作。

2）系统的主电源和备用电源，其容量应分别符合现行有关国家标准的要求，在备用电源连续充放电 3 次后，主电源和备用电源应能自动转换。分别用主电源和备用电源供电，消防自动报警系统的各项控制功能和联动功能应正常。火灾报警控制器电源要有自动转换和备用电源的自动充电功能，备用电源要有欠电压和过电压报警功能。

3）为了防止突然断电影响正常工作，当系统有 CRT 显示器、计算机主机、消防通信设备、应急广播等装置时，其主电源宜采用 UPS 电源。

4）系统主电源的保护开关不应采用剩余电流断路器。控制器的主电源引入线，应直接与消防电源连接，严禁使用电源插头。主电源应有明显标志。

5）消防用电设备应采用单独的供电回路，并当发生火灾切断生产、生活用电时，应仍能保证消防用电，其配电设备应有明显标志。其配电线路和控制回路宜按防火分区划分。

6）高层建筑的消防控制室、消防水泵、消防电梯、防烟排烟风机等的供电，应在最末一级配电箱处设置自动切换装置。

7）一类高层建筑自备发电设备，应设有自动启动装置，并能在 30s 内供电。二类高层建筑自备发电设备，当采用自动启动有困难时，可采用手动启动装置。

（2）接地

1）系统接地装置的接地电阻值应符合下列要求：采用专用接地装置时，接地电阻值不应大于 4Ω，符合计算机接地要求有关规范。采用共用接地装置时，接地电阻值不应大于 1Ω，符合国家有关接地规范中对电气防雷接地系统共用接地装置时，接地电阻值的要求。至于接地装置是专用还是共用，要依新建工程的情况而定，一般尽量采用专用装置，若无法达到专用装置亦可用共用装置。

2）系统应设专用接地干线，并应在消防控制室设置专用接地板。专用接地干线应从消防控制室专用接地板引至接地体。专用接地干线应采用铜芯绝缘导线，其线芯截面积不应小于 25mm²。专用接地干线宜穿硬质塑料管埋设至接地体。

3）采用共用接地装置时，一般接地板引至最底层地下室相应钢筋混凝土桩基础作共用接地点，不宜从消防控制室内柱子上直接焊接钢筋引出，作为专用接地板。

4）工作接地线与保护接地线必须分开，保护接地导体不得利用金属软管。工作接地线应采用铜芯绝缘导线或电缆，不得利用镀锌扁铁或金属软管。

5）由消防控制室接地板引至各消防电子设备的专用接地线应选用铜芯绝缘导线，其芯线截面积不应小于 4mm²。

6）消防电子设备凡采用交流供电时，设备金属外壳和金属支架等应作保护接地，接地线应与电气保护接地干线（PE 线）相连接，即供电线路应采用单相三线供电制供电。

7）由消防控制室引至接地体的工作接地线，在通过墙壁时，应穿入钢管或其他坚固的保护管。

（3）布线

1）系统的布线应符合现行 GB 50254—2016《电气装置工程施工及验收规范》的规定。布线时，应根据现行 GB 50116—2013《火灾自动报警系统设计规范》的规定，对导线的种类、电压等级进行检查。消防自动报警系统的传输线路和 50V 以下供电控制线路，应采用电压等级不低于交流 250V 的铜芯绝缘导线或铜芯电缆。采用交流 220/380V 的供电或控制线路应采用电压等级不低于交流 500V 的铜芯绝缘导线或铜芯电缆。

2）系统的传输线路穿线导管与低压配电系统的穿线导管相同，应采用金属管、经阻燃处理的硬质塑料管或封闭式线槽等几种，敷设方式采用明敷或暗敷。当采用硬质塑料管时，就应用阻燃型，其氧指数要求不小于 30；如采用线槽配线时，要求采用封闭式防火线槽。如采用普通线槽，其线槽内的电缆为干线系统时，此电缆宜选用防火型。当采用明敷设时，应采用金属管或金属线槽保护，并应在金属管或金属线槽上采取防火保护措施。采用经阻燃处理的电缆时，可不穿金属管保护，但应敷设在电缆竖井或吊顶内有防火保护措施的封闭式线槽内。

3）消防控制、通信和警报线路只有在暗敷时才允许采用阻燃型硬质塑料管，其他情况下只能采用金属管或金属线槽。消防控制、通信和警报线路的导管，一般要求敷设在非燃烧体的结构层内，其保护层厚度不宜小于 30mm，因管线在混凝土内可以起到保护的作用，防止火灾发生时消防控制、通信和警报线路中断，使灭火工作无法进行，造成更大的经济损失。当采用明敷时应采用金属管或金属线槽保护，并应在金属管或金属线槽上采取表面涂防火涂料等防火措施。

4）系统用的电缆竖井，宜与电力、照明用的低压配电线路电缆竖井分别设置。如受条件限制必须合用时，两种电缆应分别布置在竖井的两侧，主要目的是防止强电系统对弱电系统火灾自动报警设备的干扰。不宜将消防自动报警系统的电缆与高压电力电缆敷设在同一竖井内。

5）火灾探测器的传输线路，宜选择不同颜色的绝缘导线或电缆。正极"+"线应为红色，负极"-"线应为蓝色。同一工程中相同用途导线的颜色应一致，接线端子应有标号，便于接线和维修。实际应用中，有的厂家的自动报警系统传输总线已不再分极性，两根线可以采用同一颜色，但传输总线与 24V 电源线及联动设备线还应区别颜色，使施工和调试更方便。

6）接线端子箱内的端子宜选择压接或带锡焊接点的端子板，其接线端子上应有相应的标号。目前施工中压接技术已被广泛采用，采用压接可以提高运行的可靠性。

7）不同系统、不同电压等级、不同电流类别的线路，不应穿在同一管内或线槽的同一槽孔内。

8）消防自动报警系统导线敷设后，应对每回路的导线用500V绝缘电阻表测量绝缘电阻，其对地绝缘电阻值不应小于20MΩ。

9）引入控制器的电缆或导线，应符合下列要求：配线应整齐，避免交叉，并应固定牢靠；电缆芯线和所配导线的端部均应标明编号，并与图纸一致，字迹清晰不易褪色；端子板的每个接线端，接线不得超过2根；电缆芯和导线应留有不小于20cm的余量；导线应绑扎成束；导线引入线穿线后，在管口处应封堵。

10）消火栓泵、喷淋泵等的配线要求：水泵电动机配电线路常采用阻燃线穿金属管并埋设在非燃烧体结构内，或采用耐火电缆并配以耐火型电缆桥架，或选用矿物绝缘电缆。水泵房供电电源一般由高层建筑变电所直接提供；当变电所与水泵房邻近并属于同一防火分区时，采用耐火电缆或耐火母线沿防火型电缆桥架明敷；当变电所与水泵房距离较远并穿越不同防火分区时，可采用矿物绝缘电缆。

11）防排烟装置的配线要求：防排烟装置配电线路，明敷时采用耐火型交联低压电缆或矿物绝缘电缆，暗敷时可采用一般耐火电缆。防排烟装置的联动和控制线路采用耐火电缆。防排烟装置的线路在敷设时应尽量缩短长度，避免穿越不同的防火分区。

12）防火卷帘门的配线要求：防火卷帘门电源通常引自带双电源切换的楼层配电箱，经防火卷帘门专用配电箱用放射式或环式向其控制箱供电。当防火卷帘门水平配电线路较长时，宜采用耐火电缆并在吊顶内使用耐火型电缆桥架明敷。

13）消防电梯的配线要求：消防电梯一般由高层建筑底层的变电所敷设两路专线配电至位于顶层的电梯机房，由于线路较长且路由较复杂，消防电梯配电线路应采用耐火电缆；当有可靠性特殊要求时，两路配电专线中一路可选用矿物绝缘电缆。

14）火灾应急照明的配线要求：一般采用阻燃电线穿金属管暗敷于不燃结构内且保护层厚度≥30mm，在装饰装修工程中，当应急照明线路只能明敷于吊顶内时，应采用耐热型或耐火型电线并考虑耐火耐热配线措施。

15）其他消防设备的配线要求：火灾事故广播、消防电话、火灾警铃等设备的电气配线，在条件允许时可优先采用阻燃型电线穿保护管暗敷；当采用明敷线路时，应对线路做耐火处理或考虑前述耐火耐热配线措施。

## 七、知识拓展与链接

### 联动控制设备分类

由于建筑物要求的防火等级不同以及建筑规模的差异，且承担防火设计者的经验和水平不同，因此对每一个工程会设置不同的功能要求，而每一个消防联动控制系统所包含的上述控制装置的内容（功能数）也会不同；每一种功能中的现场设备数量不同，分布也不同；所选用的现场设备的种类、型号、生产厂家不同；各个现场设备之间的联动逻辑关系也不同。

因此，多年来，消防联动系统的实现，一直采用非标准设计与非标准加工的方式。首先，设计人员根据有关规范及工程实际情况设计蓝图，包括消防控制室中各种控制装置的结构尺寸、内部电气线路及逻辑线路，以及各种现场控制与驱动装置的电气线路图等，然后由生产厂家照图生产配制设备（包括厂家非标制作）；最后由施工部门按照设计人员提供的蓝图进行现场布线，调试开通。现场消防设备种类繁多，从功能上分有三大类：第一类是灭火系统，包括各种介质如液体、气体、干粉的喷洒装置，是直接用于扑灭火灾的；第二类是灭火辅助系统，包括用于限制火势，防止灾害扩大的各种设备；第三类是信号指示系统，包括用于报警并通过灯光与音响来指挥现场人员行动的各种设备。以上三类设备详细分，就是上述控制装置的功能体现。每一种系统中往往包含有多种设备，如在防排烟系统中，除了有每个防烟分区中的排烟阀、送风阀以外，还有总的排烟机与正压送风机。

这些现场设备，从控制电压上分，有 DC 24V，也有 AC 220V 和 AC 380V 控制的；从驱动功率上分，有小功率（弱电）的，也有大功率（强电）的；从动作机构分，有脱扣式控制机构（如排烟阀）、电动式控制机构（如卷帘门）和电接触式控制机构等。

从设备动作方式上分，有的是接收到火灾信息后在现场自行动作的（如玻璃球水喷淋，定温防火阀），有的是在现场人工操作的（如消火栓），也有的是接收到控制信号之后才动作的（如电磁阀、水泵、风机等）。在现场人工操作或自行动作的设备，称为主动型设备。这些设备不需要其他设备的联动，在消防控制室无法对其动作进行干预。靠接受控制信号才能动作的设备，称为被动型设备。这些设备是不能自行动作的。不论是控制室，还是其他控制装置，都可以对其进行控制。有些设备（如防火卷帘），既能接收控制信号动作，又能现场人工操作，仍属于被动型设备。从设备动作前后，信号的产生与传输情况来看，有以下几种：

1）主动型现场设备：信号在现场产生，之后送到控制室（有时也不经控制室直接送到相应的被动型现场设备）。

2）被动型现场设备：信号在控制室产生，之后送到该设备（有时也可由相应的主动型现场设备产生并直接送到该设备）。

3）带回应被动型现场设备：信号在控制室产生，之后送到该设备。设备动作后，又形成一个信号（回应信号）送回控制室。

4）主/被动型现场设备：信号在现场主动型部分产生，之后送到控制室；控制室发出一个信号（命令信号）送回现场进入被动型部分，设备动作后又形成一个信号（回应信号）返回控制室。

5）双动作型现场设备：两个命令信号在控制室产生，之后送到该设备令其实现两步（或两个阶段的）动作，动作实现后再有一个回应信号返回控制室。有时其中的一个（或两个）命令信号也可由现场的其他控制装置产生，不经控制室直接送往该设备，没有回应信号。

为了实现消防设备控制装置的标准化，就要对各种设备进行规格化分类，以求用最少量的控制装置来适应尽可能大量的消防设备。从这一角度出发，采用信号传输方式的分类方法比较有利。这种分类方法避开了现场设备在控制电压种类、驱动功率、动作机构等多方面的不同。只按信号传输方式将所有的现场设备分成主动型设备、被动型设备、带回应被动型设备、主/被动型设备、双动作型设备五类。这样，对不同的现场设备，在控制中心就只需要五种控制装置（消防控制盘）。从控制中心到现场，只有五种布线方式，其布线传输电压可以采用标准 24V 小功率传输。至于现场设备在其他方面的不同，只要配以少数几种接口就行了。例如，对于 AC220V 设备配以切换接口（小型切换盒）；对于大功率 DC 24V 设备配以直流驱动型接口（直流驱动盘）；对于大功率 AC 380V 设备配以交流驱动型接口（交流驱动器）。这些接口在电路规模上差别相当大，小到一只小型继电器，大到数百安培的交流接触器及其配套元件。但有一个共同点，接口内部电路有一半适应控制中心及现场布线，另一半适应现场设备。

目前，在绝大多数消防工程中，采用上述的五种消防控制盘及几种形式的现场接口已能满足要求。随着现场设备种类的发展，将不断增加新型消防控制盘及新型接口装置。

## 八、质量评价标准

项目质量考核要求及评分标准见表 15-1。

表 15-1　项目质量考核要求及评分标准

| 考核项目 | 考核要求 | 配分 | 评分标准 | 扣分 | 得分 | 备注 |
|---|---|---|---|---|---|---|
| 安装过程 | 1. 设备安装正确<br>2. 设备编码正确<br>3. 接线正确<br>4. 控制中设备定义正确<br>5. 联动编程正确<br>6. 系统能够正常运行 | 100 | 1. 设备安装错误，每处扣 5 分<br>2. 设备编码错误，每处扣 5 分<br>3. 接线错误，每处扣 3 分<br>4. 设备定义错误，每处扣 3 分<br>5. 联动编程错误，扣 10 分<br>6. 系统不能正常工作扣 20 分 | | | |
| 安全生产 | 自觉遵守安全文明生产规程 | | 1. 每违反一项规定，扣 3 分<br>2. 发生安全事故，按 0 分处理 | | | |
| 时间 | 小时 | | 提前正确完成，每 5 分钟加 2 分<br>超过定额时间，每 5 分钟扣 2 分 | | | |
| 开始时间： | | 结束时间： | | 实际时间： | | |

## 九、项目总结与回顾

1）请说明你的消防报警及联动控制系统的构建方案。

2）你构建的消防报警及联动控制系统中有哪些控制和显示功能？

3）你在项目实施过程中遇到了哪些问题？是如何解决的？

习　题

### 1. 填空题

（1）一个完整的消防报警及联动控制系统是由＿＿＿、＿＿＿和＿＿＿三部分组成。

（2）从控制电压上分，现场设备有＿＿＿、＿＿＿和＿＿＿三种类型。

（3）从设备动作前后，信号的产生与传输情况来看，现场设备有＿＿＿、＿＿＿、＿＿＿、＿＿＿、＿＿＿几种类型。

### 2. 判断题

（1）高层建筑的消防控制室、消防水泵、消防电梯、防排烟风机等的供电，应在最末

一级配电箱处设置自动切换装置。　　　　　　　　　　　　　　　　　（　　）

（2）对消防用电设备的工作及备用电源采取手动切换方式。　　　　　（　　）

（3）疏散通道上设置的电动防火门，应由设置在防火门任意一侧的火灾探测器的报警信号，作为系统的联动触发信号，联动控制防火门关闭。　　　　　　　（　　）

### 3. 单选题

（1）选择回路卡要根据防火分区及楼层，计算出各防火分区总的点数，且按照规范应预留_____的扩展余量，确定回路卡数量。

　　　　A. 5%~10%　　　　B. 10%~15%　　　　C. 15%~20%　　　　D. 20%~25%

（2）一类高层建筑自备发电设备，设有自动起动装置，并能在_____s 内供电。

　　　　A. 10　　　　　　B. 30　　　　　　C. 60　　　　　　D. 120

（3）专用接地干线应采用铜芯绝缘导线，其线芯截面积不应小于_____mm$^2$。

　　　　A. 10　　　　　　B. 15　　　　　　C. 20　　　　　　D. 25

### 4. 问答题

（1）消防报警及联动控制系统主机主要由哪些设备组成？

（2）消防控制室联动控制和显示要求是什么？

（3）消防报警及联动控制系统的供电要求是什么？

（4）消防报警及联动控制系统的接地与布线要求是什么？

# 项目十六　消防报警及联动控制系统的调试与验收

## 一、学习目标

1. 掌握消防报警及联动控制系统调试的要求和方法。
2. 掌握消防报警及联动控制系统验收的要求和方法。

## 二、项目导入

为了保证新安装的消防报警及联动系统能安全可靠地投入运行，使其性能达到设计技术要求，在系统安装施工过程中和投入运行前要进行一系列的调整试验。调整试验的主要内容包括线路测试、设备的单体功能试验、系统的接地测试和整个系统的开通调试。消防报警及联动控制系统验收是对系统施工质量的全面检查，也是交付使用前必须完成的工作之一。

## 三、学习任务

### （一）项目任务

本项目要在上一个项目设施的基础上，完成本项目组系统的测试和其他项目组系统的验收。编写调试记录、验收记录、调试报告和竣工表。

### （二）任务流程图

本项目的任务流程如图 16-1 所示。

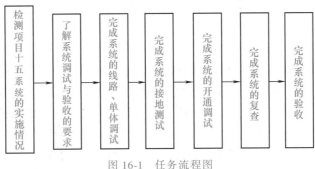

图 16-1　任务流程图

检测项目十五系统的实施情况 → 了解系统调试与验收的要求 → 完成系统的线路、单体调试 → 完成系统的接地测试 → 完成系统的开通调试 → 完成系统的复查 → 完成系统的验收

## 四、实施条件

要完成该项目，首先必须有一个已经完成安装施工的消防报警及联动控制系统，同时需要准备测试与调试的工具。

## 五、操作指导

### （一）调试前工程检查内容

1）调试前应按设计要求查验设备的规格、型号、数量、备品备件等。

2）按《火灾自动报警系统施工及验收规范》（GB 50166—2007）的要求检查系统的施工质量。对属于施工中出现的问题，应会同有关单位协商解决，并有文字记录。

3）按《火灾自动报警系统施工及验收规范》（GB 50166—2007）的要求检查系统线路，对于错线、开路、虚焊和短路等应进行处理。

**（二）线路测试的内容与方法**

（1）一般性检查

这项工作是用眼观察各种配线情况，对照图样检查配线关系，判断接线是否正确。具体内容如下：

1）检查探测器、警铃、手动报警按钮、编址控制器、警报器、火警门灯的安装位置、型号是否与图样相符；探测器 0.5m 内是否有遮挡物；探测器至墙壁、梁边的水平距离不应小于 0.5m；探测器至空调送风口边的水平距离不应小于 1.5m，至多孔送风顶棚孔口的水平距离不应小于 0.5m。

2）探测器的"+"线应为红色，"−"线应为蓝色，其余线应根据不同用途采用其他颜色区分，但同一工程中相同用途的导线颜色应一致。

3）各种火警设备接线是否正确，接线排列是否合理，接线端子处的标牌编号是否齐全，导线压接螺母下是否垫有弹簧垫圈。

4）探测器的底座应固定牢靠，其外接导线应留有不小于 15cm 的余量，接入端应有明显标志。手动报警按钮的外接线应留有不小于 10cm 的余量，接入端应有明显标志，其导线连接必须可靠压接或焊接。

5）对接线板、元件、设备上的接线螺钉要逐一拧紧，这项工作常被忽视，这是一个薄弱环节，由此而引发的接触不良的问题很多。例如，由于弹簧垫片没有压平，接触不良，往往造成误报警或不报警。

6）报警控制器地址指示灯标牌是否齐全；屏蔽线是否连接可靠；工作接地和保护接地是否符合设计要求。

（2）线路校验

线路校验前，应将被校验回路中的探测器、编码母座、警报器、手动报警按钮和报警控制器等的接线端子打开。用万用表或蜂鸣器等查校回路，用导通法查对传输线路敷设、接线是否符合图样要求。如果端子排是单层配线，所有导线及其连接处都比较明显，把两根线一端接地，另一端用万用表测试电阻，可以判断出导线回路及中间连接情况。只要仔细检查，并与原理图和施工图核对，判断正确的线路，就可立即恢复其接线。

检查完消防报警系统的线路后，再校对联动控制盘的二次线路。在有的探测器、手动报警按钮等回路中设置有终端电阻，要检查是否按设计接有终端电阻，并测试阻值是否与设计相符。在检查系统线路中发现的错线、开路、虚焊和短路等应进行故障排除。

（3）绝缘电阻测试

火灾报警传输线路和联动控制电路进行上述检查后，应对其绝缘电阻进行测试。采用 500V 绝缘电阻表，分别对导线与导线、导线与地、导线与屏蔽层的绝缘电阻进行测试，测试结果应填写在调试记录上，其绝缘电阻值应不小于 20MΩ。

**（三）单机调试的方法**

所谓单机调试就是将运到安装工地的探测器、报警控制器等在安装之前进行一些基本性能试验，试验工作需在干燥、无粉尘、无振动、无烟雾的常温室内进行，试验人员应在全面熟悉火警设备的各项性能后，进行试验。

一般来说都有专用设备可以对探测器进行试验。如果施工现场没有专用的检查设备，可利用报警控制器代替。给报警控制器（区域或集中均可）接出一个报警回路，接上探测器底座，注意不要忘记连接终端电阻，然后利用报警控制器的报警、自检等功能，对探测器进行单体试验。检验感温探测器时，热源采用 750W 电吹风，在距离探测器 500mm 处，向探测器吹热风，使探测器发出报警信号。目前国内外对探测器的定量试验只在出厂前进行，在安装施工现场一般只做定性试验。对有关探测器的反应灵敏度等，还没有一种有效的试验方法。

报警控制器的试验内容主要包括：

1）火灾报警声光系统是否工作，若能正常工作，时钟是否记录报警时间；地址信号灯或地址是否显示。

2）报警后，有关联动继电器是否动作；各项输出报警信号是否正常。

3）当检查信号输入后，自检信号、地址指示灯是否闪亮。

4）测量电源电压（DC 24V、12V）；拨动自检开关，测量自检回路的输出电压，报警线上的电压信号，与报警控制器的有关技术数据核对。

5）将区域报警控制器的有关信号输至集中报警控制器，测量集中报警控制器的各种功能是否符合设计要求。

6）对警报器、警铃、手动报警按钮等回路进行信号测试。

**（四）系统开通调试的方法**

采用消防报警及联动控制系统专用工具和仪器，再配备万用表、对讲机等一些电工仪表即可进行开通调试。系统调试，应先分别对探测器、区域报警控制器、集中报警控制器、火灾警报装置和消防控制设备等逐个进行单机通电检查试验，正常后方可进行系统调试。

系统通电后，应按现行国家标准 GB 4717—2005《火灾报警控制器》的有关要求对报警控制器进行下列功能检查：

1）火灾报警自检功能。

2）消声、复位功能。

3）故障报警功能。

4）火灾优先功能。

5）报警记忆功能。

6）电源自动转换和备用电源的自动充电功能。

7）备有电源的欠电压和过电压报警功能。

检查消防自动报警系统的主电源和备用电源，其容量应分别符合现行有关国家标准的要求，在备用电源连续充放电三次后，主电源和备用电源应能自动转换。

系统功能正常后，应使用专用的检查仪器对探测器逐个进行试验即前述单机调试，动作无误后，方可投入运行。

按设计文件和设计说明，分别用主电源和备用电源供电，检查消防自动报警系统的各项控制功能和联动功能。

按系统调试程序进行系统功能自检。连续运行 120h 无故障后，写出开通调试报告。

**（五）调试记录及报告的编写方法**

调试工作是安装工程中的一个重要环节。从开始安装到系统开通前，往往存在许多安装质量和设备功能等多方面的问题，应通过调试予以发现和排除。因此调试报告是保证安装工程质量和设备质量能否达到安全可靠运行的技术鉴定，调试的结果可以作为系统能否投入运行的依据。

调试记录中需要记录调试步骤、调试方法和仪器、调试中发现的问题以及排除方法、各种整定数据等。它作为系统安装施工的技术资料，为日后维修、运行、扩大或更新设备提供重要依据。

调试人员应根据实际情况在系统交工前填写好系统调试报告，调试报告见表16-1。由调试负责人在报告中签注结论性意见，并加盖安装单位公章，调试负责人及参与人员签字。

表 16-1　调试报告

年　月　日　　　　　　　　　　　　　　　　　　　　　编号：

| 工程名称 | | | 工程地址 | | | | |
|---|---|---|---|---|---|---|---|
| 使用单位 | | 联系人 | | | 电话 | | |
| 调试单位 | | 联系人 | | | 电话 | | |
| 设计单位 | | | 施工单位 | | | | |

| 工程主要设备 | 设备名称型号 | 数　量 | 编　号 | 出厂年月 | 生产厂 | 备　注 |
|---|---|---|---|---|---|---|
| | | | | | | |
| | | | | | | |
| | | | | | | |
| | | | | | | |

| 施工有无遗留问题 | | 施工单位联系人 | | 电话 | |
|---|---|---|---|---|---|

| 调试情况 | |
|---|---|

| 调试人员（签字） | | 使用单位人员（签字） | |
|---|---|---|---|
| 施工单位负责人（签字） | | 设计单位负责人（签字） | |

**（六）施工质量复查的内容**

系统验收前，公安消防监督机构应进行施工质量复查。复查应包括下列内容：

1）消防用电设备主、备电源的容量，自动切换装置安装位置及施工质量，经复查应符合有关防火设计要求和电气安装规范的规定。

2）消防用电设备的动力线、控制线、接地线及火灾报警信号传输线的敷设方式，经复查应符合《电气装置安装工程施工及验收规范》的有关规定。

3）火灾探测器的类别型号、适用场所、安装高度、保护半径、保护面积和探测器的间距等，经复查应符合《火灾自动报警系统设计规范》（GB 50116—2013）的规定。

4）各种报警控制装置的安装位置、型号、数量、类别、功能及安装质量，经复查应符合施工图的要求。

5）火灾事故照明和疏散指示控制装置的安装位置和施工质量，经复查应符合有关防火施工规范和《电气装置安装工程施工及验收规范》。

**（七）系统竣工验收的内容和方法**

1）消防水泵、消防电梯等消防用电设备电源（包括直流电源）的自动切换装置，应在现场进行 3 次切换试验，每次试验均应正常工作。

2）火灾报警控制器应按下列要求进行功能抽验：实际安装数量在 5 台以下者，全部抽验；实际安装数量在 6~10 台者，抽验 5 台；实际安装数量超过 10 台者，按实际安装数量 30%~50% 的比例、但不少于 5 台抽验。抽验时，每个功能应重复 1~2 次，被抽验控制器的基本功能应符合现行国家标准《火灾报警控制器》GB 4717—2005 中的功能要求。

3）火灾探测器（包括手动报警按钮）应按下列要求进行模拟火灾响应试验和故障报警抽验：实际安装数量在 100 只以下者，抽验 10 只；实际安装数量超过 100 只，按实际安装数量 5%~10% 的比例、但不少于 10 只抽验。被抽验探测器的试验均应正常。

4）室内消火栓的功能验收应在出水压力符合现行国家有关建筑设计防火规范的条件下进行，并应符合下列要求：工作泵、备用泵转换运行 1~3 次；消防控制室内操作起、停泵 1~3 次；消火栓处操作起泵按钮按 5%~10% 的比例抽验。以上控制功能应正常，信号应正确。

5）自动喷水灭火系统的抽验，应在符合现行国家标准《自动喷水灭火系统设计规范》GB 50084—2017 的条件下，抽验下列控制功能：工作泵与备用泵转换运行 1~3 次；消防控制室内操作启、停泵 1~3 次；水流指示器、闸阀关闭器及电动阀等按实际安装数量的 10%~30% 的比例进行末端放水试验。上述控制功能、信号均应正常。

6）泡沫、二氧化碳、干粉等灭火系统的抽验，应在符合现行各有关系统设计规范的条件下按实际安装数量的 20%~30% 抽验下列控制功能：人工启动和紧急切断试验1~3次；与固定灭火设备联动控制的其他设备（包括关闭防火门窗、停止空调风机、关闭防火阀、落下防火幕等）试验 1~3 次；抽一个防护区进行喷放试验（卤代烷系统应采用氮气等介质代替）。上述试验控制功能、信号均应正常。

7）电动防火门、防火卷帘应按实际安装数量的 10%~20% 的比例抽验联动控制功能，其控制功能、信号均应正常。

8）通风空调和防排烟设备（包括风机和阀门）的抽验，应按实际安装数量的 10%~20% 抽验联动控制功能，其控制功能、信号均应正常。

9）消防电梯的检验应进行 1~2 次人工控制和自动控制功能检验，其控制功能、信号均应正常。

10）火灾事故广播设备的检验，应按实际安装数量的 10%~20% 进行下列功能检验：在消防控制室选层广播；共用的扬声器强行切换试验；备用功率放大器控制功能试验。上述控制功能应正常，语音应清楚。

11）消防通信设备的检验，应符合下列要求：消防控制室与设备间所设的对讲电话进行 1~3 次通话试验；电话插孔按实际安装数量的 5%~10% 进行通话试验；消防控制室的外线电话与"119 台"进行 1~3 次通话试验。上述功能应正常，语音应清楚。

12）本节各项检验项目中，当有不合格者时，应限期修复或更换，并进行复验。复验时，对有抽验比例要求的，应进行加倍试验。复验不合格者，不能通过验收。

## 六、问题探究

### （一）调试的一般规定

1）系统的调试，应在建筑内部装修和系统施工结束后进行。

2）系统调试前应具备：设备布置平面图、接线图、安装图、系统图以及随机文件。

3）施工人员应向调试人员提供：竣工图、设计变更及文字记录、施工记录（包括隐蔽工程验收记录）、检验记录（包括绝缘电阻、接地电阻的测试记录）。

4）调试负责人必须由有资格的专业技术人员担任，参加调试的全部人员应认真阅读施工技术资料，并熟悉系统工作原理，了解设备的性能及技术指标。对有关数据的整定值、调整过程中采用的技术标准必须心中有数，方可进行调整试验工作。

**（二）验收的一般规定**

1）系统验收应包括下列装置：

① 消防自动报警系统装置（包括各种火灾探测器、手动报警按钮、区域报警控制器和集中报警控制器等）。

② 灭火系统控制装置（包括室内消火栓、自动喷水、二氧化碳、干粉、泡沫等固定灭火系统的控制装置）。

③ 电动防火门、防火卷帘控制装置。

④ 通风空调、防烟排烟及电动防火阀等消防控制装置。

⑤ 火灾事故广播、消防通信、消防电源、消防电梯和消防控制室的控制装置。

⑥ 火灾事故照明及疏散指示控制装置。

2）消防自动报警系统验收前，建设单位应向公安消防监督机构提交验收申请报告，并附下列技术文件：

① 系统竣工表（一）、（二）、（三）（见表 16-2 ~ 表 16-4）。

② 有关消防设备的施工图和技术资料。

③ 安装技术记录（包括隐蔽工程验收记录）。

④ 开通调试报告。

⑤ 管理、维护人员登记表。

3）系统验收前，公安消防监督机构进行施工质量复查和人员配备情况检查后，再进行系统竣工验收。未经施工复查和复查中提出问题没有整改的工程及未配备经过培训、考试合格的操作、维修和管理人员的工程不得进行验收。

4）系统竣工验收，应在公安消防监督机构监督下，由建设主管单位主持、设计、施工、调试等单位参加，共同进行。

表 16-2　系统竣工表（一）

| | | | | |
|---|---|---|---|---|
| 火灾事故广播系统 | 设计单位 | | 施工单位 | |
| | 产品名称 | 产品型号 | 生产厂家 | 数量 |
| | 功率放大器 | | | |
| | 扬声器 | | | |
| | 备用功率放大器 | | | |
| 消防通信设备 | 设计单位 | | 施工单位 | |
| | 产品名称 | 产品型号 | 生产厂家 | 数量 |
| | 对讲电话 | | | |
| | 电话插座 | | | |
| | 外线电话 | | | |
| | 外线对讲机 | | | |

表 16-3 系统竣工表 (二)

| | | | | | | | | |
|---|---|---|---|---|---|---|---|---|
| **喷洒灭火系统** | 设计单位 | | | | 施工单位 | | | |
| | 系统类型 | 1. 喷雾水冷却设备 2. 喷雾水灭火设备 3. 喷洒水灭火设备 | | | | | | |
| | 喷洒类型 | 1. 干式 2. 湿式 3. 预作用 4. 开式 | | | 系统设置部位 | | | |
| | 产品名称 | 产品型号 | 生产厂家 | 数量 | 产品名称 | 产品型号 | 生产厂家 | 数量 |
| | 喷洒头 | | | | 水泵 | | | |
| | 水流报警阀 | | | | 稳压泵 | | | |
| | 报警阀 | | | | 气压水罐 | | | |
| | 压力开关 | | | | | | | |
| **消防控制室** | 设计单位 | | | | 施工单位 | | | |
| | 控制室位置 | | 控制室面积 | | 耐火等级 | | 出入口数量 | |
| | 应有的控制功能数 | | 实有控制功能数 | | 缺何种控制功能 | | | |

| | | | | | | |
|---|---|---|---|---|---|---|
| **其他灭火系统** | 设计单位 | | | 施工单位 | | |
| | 设置部位 | | | | | |
| | 系统名称 | 系统类别 | | 系统启动方式 | | 用量或储量 | 工作压力 |
| | 二氧化碳灭火系统 | 1. 全充满 2. 局部应用 | | 1. 自动 2. 半自动 3. 手动 | | (kg) | 使用压力: |
| | 泡沫灭火系统 | 1. 低倍 2. 高倍 3. 氟氮白 4. 抗溶性 | | 1. 固定 2. 半固定 3. 移动式 | | (kg) | 供给强度: |
| | 干粉灭火系统 | 1. 碳酸氢钠 2. 碳酸氢钾 3. 碳酸二氢氨 4. 尿素 | | 1. 自动 2. 半自动 3. 手动 | | (kg) | 供给强度: |
| | 蒸汽灭火系统 | 1. 全充满固定 2. 全充满半固定 3. 局部 | | 1. 固定 2. 半固定 3. 移动式 | | (kg) | 供给强度: |
| | 氮气灭火系统 | 1. 全充满 2. 局部应用 | | 1. 自动 2. 半自动 3. 手动 | | (kg) | 使用压力: |

表 16-4　系统竣工表（三）

| 工程名称 | | | | 验收的建筑名称 | | | |
|---|---|---|---|---|---|---|---|
| 隐蔽工程记录 | 验收报告 | 系统竣工图 | 设计更改 | 设计更改内容 | | 工程验收情况 | |
| 1. 有<br>2. 无 | 1. 有<br>2. 无 | 1. 有<br>2. 无 | 1. 有<br>2. 无 | | | 1. 合格<br>2. 基本合格<br>3. 不合格 | |

主要消防设施

| | 产品名称 | 产品型号 | 生产厂家 | 数量 | 产品名称 | 产品型号 | 生产厂家 | 数量 |
|---|---|---|---|---|---|---|---|---|
| 消火栓系统 | 室内消火栓 | | | | 水泵接合器 | | | |
| | 室外消火栓 | | | | 气压水罐 | | | |
| | 消防水泵 | | | | 稳压泵 | | | |

| | 产品名称 | 产品型号 | 生产厂家 | 数量 | 产品名称 | 产品型号 | 生产厂家 | 数量 |
|---|---|---|---|---|---|---|---|---|
| 通风空调系统 | 风机 | | | | 防火阀 | | | |

| 防排烟系统 | 方式<br>部位 | 1. 自然排烟<br>2. 机械排烟<br>3. 通风兼排烟 | 产品名称 | 产品型号 | 生产厂家 | 数量 |
|---|---|---|---|---|---|---|
| | 防烟楼梯间 | | 防火阀 | | | |
| | 前室及合用前室 | | 送风机 | | | |
| | 走道 | | 排风机 | | | |
| | 房间 | | 排烟阀 | | | |
| | 自然排烟口面积/m² | | 机械排烟送风量/(m³/h) | | 机械排烟排风量/(m³/h) | |
| | | | | | | |

| 安全疏散系统 | 设施名称及有无状况 | | 产品名称 | 产品型号 | 生产厂家 | 数量 |
|---|---|---|---|---|---|---|
| | 疏散指示标志 | 1. 有<br>2. 无 | 防火门 | | | |
| | 消防电源 | 1. 有<br>2. 无 | 防火卷帘 | | | |
| | 事故照明 | 1. 有<br>2. 无 | 消防电梯 | | | |

| 火灾报警系统 | 系统设计单位 | | | | 施工单位 | | | |
|---|---|---|---|---|---|---|---|---|
| | 形式 | 1. 区域报警　2. 集中报警　3. 控制中心报警 | | | 设置部位 | | | |
| | 产品名称 | 产品型号 | 生产厂家 | 数量 | 产品名称 | 产品型号 | 生产厂家 | 数量 |
| | 感烟探测器 | | | | 集中报警器 | | | |
| | 感温探测器 | | | | 区域报警器 | | | |
| | 火焰探测器 | | | | 事故广播 | | | |
| | | | | | 手动按钮 | | | |

注：由消防监督机构填写。

## 七、知识拓展与链接

### （一）消防报警及联动控制系统检测验收时所具备的基本条件

建筑物中的消防报警及消防联动控制系统施工完成后，要进行检测验收，必须具备以下基本条件：

1) 申报验收的基本条件必须是各项消防工程已经调试完毕，并且经过建设单位和监理单位的自检自验合格后，才能进行申报消防验收。

2) 工程应该是已经经过消防监督机构的审核并将审核意见全部整改，且经过各个相关部门自检合格并认可的工程。

3) 工程以系统为基本单元，保证各项工作已经完成，各项内容都不能缺省。

4) 验收单位除了消防相关单位外，还包括那些相关的施工设计与供货单位。

### （二）消防报警及联动控制系统检测验收的类型

通常情况下，进行检测验收主要包括隐蔽工程消防验收、粗装修消防验收、精装修消防验收三种类型。

隐蔽工程消防验收是指对建筑物投入使用后，无法进行消防检查和验收的消防设施及耐火构件，在施工阶段进行的消防验收。例如：钢结构防火喷涂、消防管线及连接等。

粗装修消防验收是指对建筑物内消防系统及设施的功能性验收。主要针对消防系统及设施已安装、调试完毕，但尚未进行室内装修的建筑工程。粗装修消防验收适用于建筑物主体施工完成后，建筑物待租、待售前的消防系统验收。粗装修消防合格后，建筑物尚不具备投入使用的条件，须进一步完成精装修消防审核验收后方可投入使用。

精装修消防验收是指对建筑物全面竣工并准备投入使用前的消防验收。精装修消防验收内容包括各项消防系统及设施、安全疏散、室内装修等。

### （三）消防报警及联动控制系统检测验收的主要内容和方法

消防报警及联动控制系统的验收内容与检测内容应一致，这部分验收内容仅仅是消防工程整体验收的组成部分之一。对文字内容应按规范性文件要求结合具体项目逐项逐条审核。对竣工图纸应按规范与建审意见相结合，对实际执行情况进行审核。对具体的施工内容进行抽检。

### （四）消防报警及联动控制系统检测验收的基本程序

消防报警及联动控制系统的验收是由国家或行业认可的消防监督机构执行的。验收在检测合格的基础上进行，验收单位应事先编制验收大纲、检测报告，包括检测依据、检测设备、检测项目和结果列表。当验收中出现不合格项时，应限期纠正，直至检测合格。

### （五）消防报警及联动控制系统检测验收的特点

消防报警及消防联动控制系统的检测验收具有相对独立性，属于必须执行的强制性要求。系统经过专设的监测机构进行检测，由公安消防机关进行验收和审核。系统的检测具有完全性、系统性、可操作性和实用性，并应经受住时间的考验。消防报警及联动控制系统的网络和软件平台是相对独立的。

## 八、质量评价标准

项目质量考核要求及评分标准见表16-5。

表 16-5 项目质量考核要求及评分标准

| 考核项目 | 考核要求 | 配分 | 评 分 标 准 | 扣分 | 得分 | 备注 |
|---|---|---|---|---|---|---|
| 调试过程 | 1. 调试的步骤正确<br>2. 调试中检查完整<br>3. 系统能够正常控制，并正确显示<br>4. 调试报告填写完整<br>5. 系统能够正常运行 | 50 | 1. 调试步骤错误，扣 5 分<br>2. 每遗漏一处，扣 3 分<br>3. 控制或显示错误，每处扣 3 分<br>4. 每遗漏一处，扣 5 分<br>5. 系统不能正常工作扣 10 分 | | | |
| 验收过程 | 1. 验收的步骤正确<br>2. 验收系统完整<br>3. 验收报告填写完整<br>4. 验收过程符合规范 | 50 | 1. 验收步骤错误，扣 5 分<br>2. 每遗漏一处，扣 3 分<br>3. 每遗漏一处，扣 5 分<br>4. 每违反一次规范，扣 5 分 | | | |
| 安全生产 | 自觉遵守安全文明生产规程 | | 1. 每违反一项规定，扣 3 分<br>2. 发生安全事故，按 0 分处理 | | | |
| 时间 | 小时 | | 提前正确完成，每 5 分钟加 2 分<br>超过定额时间，每 5 分钟扣 2 分 | | | |
| 开始时间： | | 结束时间： | | 实际时间： | | |

## 九、项目总结与回顾

你在调试和验收过程中遇到了哪些问题？是如何解决的？

# 习 题

### 1. 填空题

（1）系统调试前应具备_____、_____、_____、_____以及随机文件。

（2）探测器的底座应固定牢靠，其外接导线应留有不小于_____的余量。接入端应有明显标志。手动报警按钮的外接线应留有不小于_____的余量，接入端应有明显标志。其导线连接必须可靠压接或焊接。

（3）系统调试，应先分别对_____、_____、_____、_____和_____等逐个进行单机通电检查试验，正常后方可进行系统调试。

### 2. 判断题

（1）系统的调试，应在建筑内部装修和系统施工结束前进行。 （ ）

（2）探测器的"+"线应为红色，"-"线应为蓝色，其余线应根据不同用途采用其他颜色区分，但同一工程中相同用途的导线颜色应一致。 （ ）

（3）系统验收前，公安消防监督机构进行施工质量复查和人员配备情况检查，再进行系统竣工验收。未经施工复查和复查中提出问题没有整改的工程及未配备经过培训、考试合格的操作、维修和管理人员的工程不得进行验收。 （ ）

（4）系统接地装置安装时，工作接地线应采用铜芯绝缘导线或电缆，由消防控制室引至接地体的工作接地线，在通过墙壁时，应穿入钢管或其他坚硬的保护管。工作接地线与保护接地线必须分开。 （ ）

### 3. 单选题

（1）火灾报警传输线路和联动控制线路的绝缘电阻值应不小于_____。

    A. 10MΩ         B. 20MΩ         C. 50MΩ         D. 30MΩ

（2）按系统调试程序进行系统功能自检。连续运行_____无故障后，写出开通调试报告。

　　A．120h　　　　　　B．24h　　　　　　C．48h　　　　　　D．12h

4．论述题

（1）调试的准备工作有哪些？

（2）简述线路测试的内容和线路校验的方法。

（3）简述单机测试的工具、使用方法及测试内容。

（4）简述开通调试的工具、使用方法及测试内容。

（5）系统验收的装置有哪些？验收时需要提供哪些文件？

（6）施工质量复查的内容有哪些？

（7）简述系统验收的内容、要求和方法。

# 项目十七  消防报警及联动控制系统的运行与维护

## 一、学习目标

1. 掌握消防报警及联动控制系统运行管理的相关制度。
2. 掌握消防报警及联动控制系统日常保养的有关规定。
3. 掌握消防报警及联动控制系统故障的处理方法。

## 二、项目导入

随着国民经济的快速发展，现代化高层建筑越来越多，人们对消防安全的意识也在逐渐增强，对安装消防报警及联动控制系统非常重视，但往往忽视了系统投入运行后的维修保养工作。随着系统投入运行时间的增长，不可避免地出现设备及线路的老化，如不能及时对系统进行维护，一旦发生火灾，消防系统不能正常运转，将会造成不可估量的损失。

## 三、学习任务

### （一）项目任务

本项目的任务是通过调查一家使用消防报警及联动控制系统的物业公司，了解消防报警系统的日常运行管理情况，设备的保养和维护情况，以及相关制度等，写一份调查研究报告，分析存在的问题，提出自己的建议。

### （二）任务流程图

本项目的任务流程如图 17-1 所示。

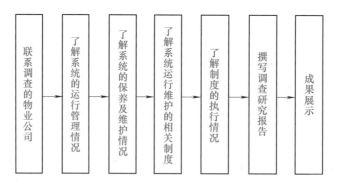

图 17-1  任务流程图

## 四、实施条件

要完成该项目，首先必须联系好一家具有消防报警及联动控制系统的物业公司，以便进行调查研究。

## 五、操作指导

### （一）调研的基本要求

（1）立场、观点要正确

搞调查研究首先必须要有正确的立场、观点，才能实事求是地进行调查研究，认识事物的本来面貌，得出合乎客观实际的结论。

（2）调查态度要端正

要想获得丰富的材料，就要有饱满的热情、艰苦深入的作风和实事求是的态度。

（3）调查目的要明确

调查研究，从根本上来说，是为了掌握实际情况，发现问题，提出确实可行的管理与维护方法，提高系统的管理水平，保证系统的长期稳定运行。

（4）调查方法要讲究

为了获得丰富的材料，还要讲究调查的方法。

### （二）调查准备

1）首先要做好思想准备，能认真对待。

2）选定调查研究题目。

3）拟定调查提纲。

### （三）调查方法

1）开会调查。

2）个别访问。

3）现场观察。

4）蹲点调查。

5）阅读有关书面资料。

### （四）报告撰写

一是对所得的材料进行整理、分类、核实，发现遗漏疑问要作调查补充。二是分析、思考，提示材料的内部联系，发现事物的本质，并根据相关规范的要求，指出存在的问题，提出改进建议。

## 六、问题探究

### （一）系统投入运行前应具备的条件

1）系统的使用单位应有经过专门培训，并经过考试合格的专人负责系统的管理操作和维护。

2）系统正式起用时，应具有下列文件资料：系统竣工图及设备的技术资料；操作规程；值班员职责；值班记录和使用图表。

3）应建立系统的技术档案。

4）系统应保持连续正常运行，不得随意中断。

### （二）系统定期检查和试验的要求

1）每日应检查火灾报警控制器的功能，并填写系统运行和控制器日检登记表（见表17-1和表17-2）。

表 17-1 系统运行日登记表

单位名称：

| 项目／时间 | 设备运行情况 | | 报 警 性 质 | | | | 报警部位、原因及处理情况 | 值 班 人 | | | 备　注 |
|---|---|---|---|---|---|---|---|---|---|---|---|
| | 正常 | 故障 | 火警 | 误报 | 故障报警 | 漏报 | | 时｜时 | 时｜时 | 时｜时 | |
| | | | | | | | | | | | |
| | | | | | | | | | | | |
| | | | | | | | | | | | |
| | | | | | | | | | | | |
| | | | | | | | | | | | |
| | | | | | | | | | | | |
| | | | | | | | | | | | |
| | | | | | | | | | | | |
| | | | | | | | | | | | |
| | | | | | | | | | | | |
| | | | | | | | | | | | |
| | | | | | | | | | | | |
| | | | | | | | | | | | |
| | | | | | | | | | | | |
| | | | | | | | | | | | |
| | | | | | | | | | | | |
| | | | | | | | | | | | |
| | | | | | | | | | | | |
| | | | | | | | | | | | |
| | | | | | | | | | | | |
| | | | | | | | | | | | |
| | | | | | | | | | | | |
| | | | | | | | | | | | |
| | | | | | | | | | | | |
| | | | | | | | | | | | |
| | | | | | | | | | | | |
| | | | | | | | | | | | |
| | | | | | | | | | | | |
| | | | | | | | | | | | |
| | | | | | | | | | | | |
| | | | | | | | | | | | |
| | | | | | | | | | | | |
| | | | | | | | | | | | |
| | | | | | | | | | | | |

注：正常划√，有问题注明。

表 17-2　控制器日检登记表

| 单位名称 | | | | | 控制器型号 | | | |
|---|---|---|---|---|---|---|---|---|
| 检查项目＼时间 | 自检 | 消音 | 复位 | 故障报警 | 巡检 | 电源 主电源 | 电源 备用电源 | 检查人（签名） | 备注 |
| | | | | | | | | | |
| | | | | | | | | | |
| | | | | | | | | | |
| | | | | | | | | | |
| | | | | | | | | | |
| | | | | | | | | | |
| | | | | | | | | | |
| | | | | | | | | | |
| | | | | | | | | | |
| | | | | | | | | | |
| | | | | | | | | | |
| | | | | | | | | | |
| | | | | | | | | | |
| | | | | | | | | | |
| | | | | | | | | | |
| | | | | | | | | | |
| | | | | | | | | | |
| | | | | | | | | | |
| | | | | | | | | | |
| | | | | | | | | | |
| | | | | | | | | | |
| | | | | | | | | | |
| | | | | | | | | | |
| | | | | | | | | | |
| | | | | | | | | | |
| 检查情况 | | | 故障及排除情况 | | | 防火负责人 | | | |
| | | | | | | | | |

注：正常划√，有问题注明。

2）每季度应检查和试验消防自动报警系统的下列功能，并填写季度检查登记表（见表 17-3）。

表 17-3　季（年）检登记表

| 单位名称 | | 防火负责人 | | |
|---|---|---|---|---|
| 日　　期 | 设 备 种 类 | 检查试验内容和结果 | | 检 查 人 |
| | | | | |
| | | | | |
| | | | | |
| | | | | |
| | | | | |
| | | | | |
| | | | | |
| | | | | |
| | | | | |
| | | | | |
| | | | | |

| 仪器自检情况 | 故障及排除情况 | 备注 |
|---|---|---|
| | | |

① 采用专用检测仪器分期分批试验探测器的动作及确认灯显示。

② 试验火灾警报装置的声光显示。

③ 试验水流指示器、压力开关等报警功能、信号显示。

④ 对备用电源进行 1~2 次充放电试验，1~3 次主电源和备用电源自动切换试验。

⑤ 用自动或手动检查下列消防控制设备的控制显示功能：防排烟设备（可半年检查 1 次）、电动防火阀、电动防火门、防火卷帘等的控制设备；室内消火栓、自动喷水灭火系统的控制设备；二氧化碳、泡沫、干粉等固定灭火系统的控制设备；火灾事故广播、火灾事故照明灯及疏散指示标志灯。

⑥ 强制消防电梯停于首层试验。

⑦ 消防通信设备应在消防控制室进行对讲通话试验。

⑧ 检查所有转换开关。

⑨ 强制切断非消防电源功能试验。

3）每年对消防自动报警系统的功能，应做下列检查和试验，并填写年检登记表（见表 17-3）。

① 每年应用专用检测仪器对所安装的探测器试验 1 次。

② 进行 2）中除前两项以外的各项试验，其中第 5 项的二氧化碳、泡沫、干粉等固定灭火系统的控制设备试验可做模拟试验。

③ 试验火灾事故广播设备的功能。

**（三）系统的日常维护与定期清洗要求**

消防报警及联动控制系统中所有设备都应做好日常维护保养工作，注意防潮、防尘、防电磁干扰、防冲击、防碰撞等各项安全防护工作，保持设备经常处于完好状态。

做好火灾探测器的定期清洗工作，对于保持消防自动报警系统良好运行十分重要。火灾探测器投入运行后，由于环境条件的原因，容易受污染、积聚灰尘、使可靠性降低，引起误报或漏报，特别是感烟火灾探测器，更易受环境影响。所以，《火灾自动报警系统施工及验收规范》明确规定：探测器投入运行 2 年后，应每隔 3 年全部清洗一遍，并做响应阈值及其他必要的功能试验，合格者方可继续使用，不合格者严禁重新安装使用。

我国地域辽阔，南北方气候差别很大。南方多雨潮湿，水汽大，容易凝结水珠；北方干燥多风，容易积聚灰尘。同一地区、不同行业、不同使用性质的场所，污染程度也不相同。应根据不同情况，确定对探测器清洗的周期和批量。清洗工作要由有条件的专门清洗单位进行，不得随意清洗，除非经过公安消防监督机构批注认可。清洗后，火灾探测器应做响应阈值和其他必要的功能试验，以保证其响应性能符合要求。发现不合格的，应予报废，并立即更换，不得维修后重新安装使用。

## 七、知识拓展与链接

### （一）消防自动报警系统的常见故障及处理方法

（1）探测器误报警，探测器故障报警

原因：探测器灵敏度选择不合理，环境湿度过大，风速过大，粉尘过大，机械振动，探测器使用时间过长，器件参数下降等。

处理方法：根据安装环境选择适当的灵敏度的探测器，安装时应避开风口及风速较大的通道，定期检查，根据情况清洗和更换探测器。

（2）手动按钮误报警，手动按钮故障报警

原因：按钮使用时间过长，参数下降或按钮人为损坏。

处理方法：定期检查，损坏的及时更换，以免影响系统运行。

（3）报警控制器故障

原因：机械本身器件损坏报故障或外接探测器、手动按钮异常引起报警控制器报故障、报火警。

处理方法：用表或自身诊断程序判断检查机器本身，排除故障，或按（1）（2）处理方法，检查故障是否由外界引起。

（4）线路故障

原因：绝缘层损坏，接头松动，环境湿度过大，造成绝缘下降。

处理方法：用表检查绝缘程度，检查接头情况，接线时宜采用焊接、塑封等工艺。

**（二）消火栓系统的常见故障及处理方法**

（1）打开消火栓阀门无水

原因：可能管道中有泄漏点，使管道无水，且压力表损坏，稳压系统不起作用。

处理方法：检查泄漏点、压力表，修复或安装稳压装置，保证消火栓有水。

（2）按下手动按钮，不能联动起动消防泵

原因：手动按钮接线松动，按钮本身损坏，联动控制柜本身故障，消防泵起动柜故障或连接松动，消防泵本身故障。

处理方法：检查各设备接线、设备本身器件，检查泵本身电气、机构部分有无故障并进行排除。

**（三）自动喷水灭火系统的常见故障及处理方法**

（1）稳压装置频繁启动

原因：主要为湿式装置前端有泄漏，还会有水暖件或连接处泄漏、闭式喷头泄漏、末端泄放装置没有关好。

处理办法：检查各水暖件、喷头和末端泄放装置，找出泄漏点进行处理。

（2）水流指示器在水流动作后不报信号

原因：除电气线路及端子压线问题外，主要是水流指示器本身问题，包括桨片不动、桨片损坏，微动开关损坏、干簧管触点烧毁或永久性磁铁不起作用。

处理办法：检查桨片是否损坏或塞死不动，检查永久性磁铁、干簧管等器件。

（3）喷头动作后或末端泄放装置打开，联动泵后管道前端无水

原因：主要为湿式报警装置的蝶阀不动作，湿式报警装置不能将水送到前端管道。

处理办法：检查湿式报警装置，主要是蝶阀，直到灵活翻转，再检查湿式装置的其他部件。

（4）联动信号发出，喷淋泵不动作

原因：可能为控制装置及消防泵起动柜连线松动或器件失灵，也可能是喷淋泵本身机械故障。

处理办法：检查各连线及水泵本身。

**（四）防排烟系统的常见故障及处理方法**

（1）排烟阀打不开

原因：排烟阀控制机械失灵，电磁铁不动作或机械锈蚀引起排烟阀打不开。

处理办法：经常检查操作机构是否锈蚀，是否有卡住的现象，检查电磁铁是否工作正常。

（2）排烟阀手动打不开

原因：手动控制装置卡死或拉筋线松动。

处理办法：检查手动操作机构。

（3）排烟机不起动

原因：排烟机控制系统器件失灵或连线松动、机械故障。

处理办法：检查机械系统及控制部分各器件系统连线等。

**（五）防火卷帘门系统的常见故障及处理方法**

（1）防火卷帘门不能上升下降

原因：可能为电源故障、电动机故障或门本身卡住。

处理办法：检查主电、控制电源及电动机，检查门本身。

（2）防火卷帘门有上升无下降或有下降无上升

原因：下降或上升按钮问题，接触器触头及线圈问题，限位开关问题，接触器联锁常闭触点问题。

处理办法：检查下降或上升按钮，下降或上升接触器触头开关及线圈，查限位开关，查下降或上升接触器联锁常闭触点。

（3）在控制中心无法联动防火卷帘门

原因：控制中心控制装置本身故障，控制模块故障，联动传输线路故障。

处理办法：检查控制中心控制装置本身，检查控制模块，检查传输线路。

**（六）消防事故广播及通信系统的常见故障及处理方法**

（1）广播无声

原因：一般为功率放大器无输出。

处理办法：检查功率放大器本身。

（2）个别部位广播无声

原因：扬声器有损坏或连线有松动。

处理办法：检查扬声器及接线。

（3）不能强制切换到事故广播

原因：一般为切换模块的继电器不动作引起。

处理办法：检查继电器线圈及触点。

（4）无法实现分层广播

原因：分层广播切换装置故障。

处理办法：检查切换装置及接线。

（5）对讲电话不能正常通话

原因：对讲电话本身故障，对讲电话插孔接线松动或线路损坏。

处理办法：检查对讲电话及插孔本身，检查线路。

## 八、质量评价标准

项目质量考核要求及评分标准见表 17-4。

表 17-4 项目质量考核要求及评分标准

| 考核项目 | 考核要求 | 配分 | 评分标准 | 扣分 | 得分 | 备注 |
|---|---|---|---|---|---|---|
| 调研情况 | 1. 准备充分<br>2. 调查全面仔细<br>3. 记录完整准确<br>4. 遵守纪律，文明礼貌 | 30 | 1. 准备不充分扣 5 分<br>2. 调查不全面扣 5 分<br>3. 记录不完整扣 5 分<br>4. 违反一次扣 3 分 | | | |
| 调研报告 | 1. 能完整描述系统的管理与维护情况<br>2. 能发现存在的问题<br>3. 能说明解决问题的方法 | 40 | 1. 系统管理与维护情况描述不完善酌情扣 5~20 分<br>2. 不能发现问题扣 5 分<br>3. 不能提供解决方案扣 5 分 | | | |
| 小组汇报 | 1. 能清晰明确地讲解系统的管理与维护情况、存在问题及解决方法<br>2. 能用多媒体方法展示自己的成果<br>3. 能回答针对系统的提问 | 30 | 1. 讲解错误，每次扣 3 分<br>2. 展示内容与系统无关，每处扣 2 分<br>3. 不能正确回答提问，每次扣 2 分 | | | |

## 九、项目总结与回顾

你在调研过程中遇到了哪些问题？是如何解决的？

## 习 题

### 1. 填空题

（1）消防报警及联动控制系统运行情况调研的方法主要有＿＿＿＿、＿＿＿＿、＿＿＿＿、＿＿＿＿和阅读有关书面资料。

（2）消防报警及联动控制系统正式启用时，应提供的文件资料有＿＿＿＿、＿＿＿＿、＿＿＿＿、＿＿＿＿。

（3）探测器投入运行两年后，应每隔＿＿＿＿年全部清洗一遍，并做响应阈值及其他必要的功能试验。

### 2. 判断题

（1）消防报警及联动控制系统应保持连续正常运行，不得随意中断。 （ ）

（2）探测器的清洗工作要由有条件的专门清洗单位进行，不得随意清洗，除非经过公安消防监督机构批注认可。 （ ）

（3）清洗后，火灾探测器应做响应阈值和其他必要的功能试验，发现不合格的，应立即维修后重新安装使用。 （ ）

### 3. 单选题

（1）手动报警按钮误报的主要原因是＿＿＿＿。

　　A. 线路短路　　　　B. 线路断路　　　　C. 环境条件　　　　D. 人为损坏

（2）探测器误报的主要原因是＿＿＿＿。

　　A. 线路短路　　　　B. 线路断路　　　　C. 环境条件　　　　D. 人为损坏

**4. 问答题**

（1）系统正式启用时，应具有哪些文件资料？

（2）系统运行应具备哪些条件？

（3）简述系统定期检查和试验的内容及要求。

（4）简述系统维护保养的要求。

# 参 考 文 献

[1] 王建玉. 建筑物设备自动化系统的原理与应用 [M]. 石家庄：河北科学技术出版社，2004.

[2] 许佳华. 建筑消防工程设计实用手册 [M]. 武汉：华中科技大学出版社，2016.

[3] 郎禄平. 建筑自动消防工程 [M]. 北京：中国建材工业出版社，2006.

[4] 谢社初，周友初. 火灾自动报警消防系统 [M]. 北京：中国建筑工业出版社，2016.

[5] 李天荣. 建筑消防设备工程 [M]. 3版. 重庆：重庆大学出版社，2010.

[6] 姜海，谢景屏. 消防与监控系统运行管理与维护 [M]. 北京：中国电力出版社，2003.

[7] 郑强，么达. 智能建筑设计与施工系列图集 [M]. 北京：中国建筑工业出版社，2002.

[8] 芦乙蓬. 火灾报警及消防联动系统安装与维护 [M]. 北京：机械工业出版社，2015.

[9] 刘菲，韩若飞. 怎样阅读建筑电气工程图 [M]. 3版. 北京：中国建筑工业出版社，2011.

[10] 孙景芝，韩永学. 电气消防 [M]. 3版. 北京：中国建筑工业出版社，2016.

[11] 王建玉. 建筑智能化概论 [M]. 北京：高等教育出版社，2005.

[12] 芮静康. 建筑消防系统 [M]. 北京：中国建筑工业出版社，2006.

[13] 王建玉. 消防联动系统施工 [M]. 北京：高等教育出版社，2005.

[14] 王建玉. 建筑弱电系统安装 [M]. 北京：高等教育出版社，2007.

[15] 迟长春、黄民德、陈建辉. 建筑消防 [M]. 天津：天津大学出版社，2007.

[16] 赵英然. 智能建筑火灾自动报警系统设计与实施 [M]. 北京：知识产权出版社，2005.